李仕炅　凌建明　张家科　编著

贵阳龙洞堡国际机场
三期扩建工程不停航施工技术

U0336889

同济大学 出版社
TONGJI UNIVERSITY PRESS
·上海·

图书在版编目(CIP)数据

贵阳龙洞堡国际机场三期扩建工程不停航施工技术 /
李仕炅,凌建明,张家科编著. —上海:同济大学出版
社,2023.3
　　ISBN 978-7-5765-0608-2

Ⅰ.①贵… Ⅱ.①李… ②凌… ③张… Ⅲ.①国际机
场—工程施工—施工技术—研究—贵阳 Ⅳ.①V351.11

中国国家版本馆 CIP 数据核字(2023)第 020453 号

贵阳龙洞堡国际机场三期扩建工程不停航施工技术

李仕炅　凌建明　张家科　编著

责任编辑　宋　立　　**责任校对**　徐逢乔　　**封面设计**　陈益平

出版发行　同济大学出版社　　　　www.tongjipress.com.cn
　　　　　　(地址:上海市四平路 1239 号 邮编:200092 电话:021-65985622)
经　　销　全国各地新华书店
排　　版　南京文脉图文设计制作有限公司
印　　刷　江苏凤凰数码印务有限公司
开　　本　787mm×1092mm　1/16
印　　张　10.75
字　　数　268 000
版　　次　2023 年 3 月第 1 版
印　　次　2023 年 3 月第 1 次印刷
书　　号　ISBN 978-7-5765-0608-2

定　　价　68.00 元

本书编委会

编委会主任：李仕炅　凌建明

编委会副主任：张家科　冉　平　李清川

编　写　组：陈天虎　彭　春　陈春华　石　波　王建东

　　　　　　桑　湧　郑世熹　骆文俊　昝彦先　罗　浩

　　　　　　谭恩明　邬邦礼　刘　蜜　徐　松　石忠宁

　　　　　　田　野　孟　威　袁菱霜　耿良邃　张高望

　　　　　　李一凡

前 言

随着航空业务的快速发展,国内许多机场的运行逐渐接近其设施的极限容量。为满足旅客吞吐量大幅增长的需求,近年来各机场均对其基础设施进行了相应扩建。但受到地理环境、运行需求量等诸多因素的影响,大部分扩建只能在机场正常开放、维持飞行航班运营的同时进行,即开展不停航施工。不停航施工不仅会干扰机场的运行效率,而且还会影响机场的运行安全。为此,机场扩建过程需要通过高效安全的不停航施工技术和配套完善的不停航施工组织管理方案来保障机场的安全、高效运行,以及提高施工效率、保证施工质量、控制施工进度等。因此,高效的不停航施工技术与精细的施工组织管理是机场扩建工程中不停航施工技术的重点与难点。

贵阳龙洞堡国际机场(以下简称"贵阳机场")作为"西部地区重要枢纽机场",不仅肩负着"构建西部重要枢纽,助力贵州跨越发展"的历史使命,而且是新时代民航强国战略的重要组成部分,对提升贵阳城市国际竞争力,服务全国具有重要意义。

贵阳机场自 1997 年建成通航以来,旅客吞吐量以年均 15% 左右的速度增长,2005 年升格为国际机场,2007 年将飞行区等级由 4D 升级到 4E,2018 年旅客吞吐量突破 2 000 万人次,2019 年旅客吞吐量近 2 200 万人次,已处于单跑道构型飞行区设施容量的极限。为推进贵阳龙洞堡西部地区重要枢纽机场建设,发展临空经济,经国家发改委批复,贵阳机场三期扩建工程顺利通过立项。贵阳机场三期扩建工程按照 2025 年旅客吞吐量 3 000 万人次、货邮吞吐量 25 万吨的目标设计。工程涉及新建近距平行跑道 1 条、新建平行滑行道 1 条、新增机位 62 个、新建下穿通道 3 条以及相应配套的延长现有跑道和滑行道,新建快滑、绕滑、联络道等多项工程。同时,各工程与现有运行区域大量交叠,因此扩建面临不停航施工区域巨大、运行与施工冲突明显、管理与协调过程复杂、难点工程施工无例可循、安全风险来源多、运行与施工转场频繁、安防设施倒改反复等多项技术难题。

为解决不停航施工技术难题,本书基于贵阳机场三期扩建工程,从施工阶段与区域划分、施工限高综合评估、运行方案比选优化等方面详细介绍了合理的不停航施工布局。扩建工程指挥部以精细到位的组织管理、严格执行的风险控制保证了贵阳机场三期扩建工程的顺利开展,针对现场问题进行反馈优化,针对工程难点进行创新突破,形成了一套较为高效的机场扩建不停航施工技术体系。

本书共 13 章,分为绪论篇、不停航施工技术篇及不停航施工组织管理篇三部分。以贵阳龙洞堡国际机场三期扩建工程为蓝本,在参考我国现行规范、规程、标准和大量文献的基础上,立足科学,坚持创新,贯彻以运行为导向的建设理念,探讨了贵阳机场扩建工程不停航施工的特点与难点。结合丰富的工程实践经验,介绍了建设过程中形成的较为高效完善的不停航施工技术。基于积累的施工管理经验,梳理形成了涵盖质量、安全、进度、成本、环境等多方面保障的不停航施工管理体系。

本书由李仕炅、凌建明、张家科编著。贵阳龙洞堡国际机场三期扩建指挥部冉平、李清川、陈天虎、彭春、陈春华、石波、王建东、桑湧、郑世熹、骆文俊、昝彦先、罗浩、谭恩明、邬邦礼、刘蜜、徐松、石忠宁、田野、孟威、袁菱霜、耿良邃等参与项目的相关研究工作,同济大学张高望、李一凡等完成了大量文字整理、图表绘制等工作,在此一并致谢!

编者
2023 年 1 月

目 录

第 3 篇　不停航施工组织管理

第 1 篇

绪　　论

第1章　工程概况

1.1　工程简介

作为我国"西部地区重要枢纽机场",贵阳龙洞堡国际机场(以下简称"贵阳机场")肩负着"构建西部重要枢纽,助力贵州跨越发展"的历史使命。近年来,贵阳机场航空业务量保持高位增长,2018 年旅客吞吐量突破 2 000 万人次,2019 年旅客吞吐量近 2 200 万人次。因此,机场业务量已处于单跑道构型飞行区设施容量的极限。

贵阳机场飞行区技术指标为 4E,可起降 B747 型飞机。现有一条跑道,跑道尺寸为 3 200 m×45 m,跑道南侧设置 2 条快速滑行道,北侧设置 1 条快速滑行道。跑道西侧设置 1 条平行滑行道,尺寸为 3 200 m×23 m。跑道端设端联络道,跑滑中部设一条垂直联络道。目前,机场共有 46 个机位,其中近机位 26 个、远机位 16 个、维修机位 4 个。

贵阳机场三期扩建工程按 2025 年旅客吞吐量达 3 000 万人次、货邮吞吐量达 25 万 t、飞机起降量达 24.3 万架次的目标设计,其中飞行区工程拟新建 1 条长 4 000 m 近距离平行跑道,将现有跑道(3 200 m)向北延长 300 m,并新建 1 条位于新老跑道中间的平行滑行道,增加 62 个机位,新建 3 条横贯飞行区的下穿通道,延长现有跑道西侧平行滑行道,新建快速出口滑行道、端联络道、垂直联络滑行道和绕行滑行道等。本期工程还包括飞行区助航灯光及站坪照明系统、飞行区消防系统、飞行区安防系统和飞行区导航设施等。

三期扩建工程从 2017 年 8 月动工至投运,在保证贵阳机场高位安全运行的情况下,工程建设经历了大风、暴雨、雷暴和酷热等各种极端天气的考验,受到建设环境复杂和跨河流、跨高速、跨贵广高铁线等不利影响,需要解决地下溶洞、落水洞和暗河等工程技术难题。因此,工程设计、施工、建设管理等部门面临诸多挑战,而安全要求高、限制条件多、涉及范围广、持续时间长的三期扩建工程已经成为全民航最复杂和最具代表性的不停航建设工程,建设时缺乏可资借鉴的工程经验,是贵阳机场三期扩建工程按期高质量完成的最主要难题。

1.2　工程主要内容

贵阳机场三期扩建工程不停航施工的主要内容如表 1-1 所示,施工区域如图 1-1 所示。

表 1-1   不停航施工主要内容

内容	规模
跑道	新建第二跑道 4 000 m×45 m,延长现有跑道至 3 500 m×45 m
滑行道系统	第二跑道西侧新建 4 000 m×23 m 平行滑行道;第二跑道东侧建设局部第一平滑;既有跑道南西侧第一、第二平滑向北延长。既有跑道西侧新建快速出口滑行道 1 条、改造快滑 1 条,东侧新建快速出口滑行道 4 条;第二跑道西侧建设快速出口滑行道 4 条,东侧预留远期快滑 4 条。既有跑道建设端联络道 3 条、旁通道 3 条,垂直出口滑行道 6 条;新建第二跑道建设端联络道 3 条、旁通道 3 条、垂直出口滑行道 5 条。既有第一、第二平滑之间建设垂直出口滑行道 9 条
客机坪	新建近机位 18 个(13C5E)或 22 个(21C1E) 新建远机位 12 个(1B10C1E)
货运机坪	8 个(7C1E)
维修机坪	11 个(11C)
除冰兼隔离机坪	2 个(2E)
围界及大门	新建飞行区双层隔离围界(具体规模见场道工程)
服务车道及围场路	新建机坪服务车道及飞行区围场道路
卡口	新建通道口 2 个

注:表中平滑为平行滑行道的简称,快滑为快速滑行道的简称。

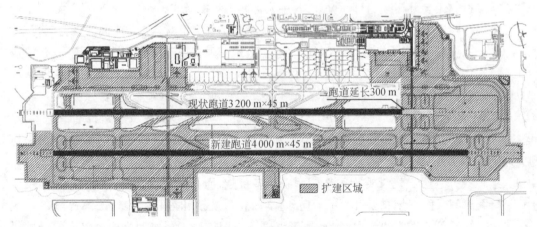

图 1-1 施工区域图

1.3 工程大事记

贵阳机场三期扩建工程历时 58 个月,在没有对机场运行造成显著影响的情况下,按期高质量地完成了工程建设任务,工程大事记如下。

2016 年 12 月 30 日,举行工程奠基仪式,工程全面开工。

2017 年 5 月 26 日,开始进行东跑道、部分滑行道及配套工程地基处理和土石方填筑施工。

2019 年 7 月 25 日,完成飞行区土石方工程施工。

2019 年 7 月 29 日,开始进行东跑道水泥混凝土道面施工。

2019 年 9 月 24 日,西北站坪(503—508 机位)及配套工程通过验收。

2020 年 4 月 30 日,新建东跑道全部贯通,同步开展场道附属工程和配套工程施工作业。

2020 年 5 月 3 日,绕滑全线贯通。

2020 年 6 月 8 日,南北进近灯光桁架全部吊装完毕。

2020 年 6 月 19 日,新建围场路全部贯通。

2020 年 7 月 30 日,东跑道完成校飞。

2020 年 8 月 18 日,东跑道试飞。

2020 年 8 月 25 日,东跑道通过验收。

2020 年 9 月 27 日,新建部分滑行道及配套工程通过验收。

2020 年 11 月 5 日,东跑道投用,西跑道关闭,完成转场。

2021 年 6 月 29 日,A4(Z4)A5 联络道通过验收。

2021 年 7 月 23 日,西北站坪 501、502 机位通过验收。

2021 年 9 月 1 日,西南站坪 801—811 机位、C 滑南端及相关联络道及南航还建机坪通过验收。

2021 年 9 月 23 日,西跑道通过验收。

1.4　不停航施工基本要求

1.4.1　依据

施工相关依据如下。

(1)《民用机场运行安全管理规定》(CCAR-140)(中国民用航空总局令第 191 号)。

(2)《民航专业工程危险性较大的工程安全管理规定(试行)》(AP-165-CA-2019-05)(民航规〔2019〕71 号)。

(3)《民用机场飞行区技术标准》(MH 5001—2013)[①]。

(4) 国际民航组织(International Civil Aviation Organization,ICAO)《国际民航航空公约　附件 14-机场》。

(5) 美国联邦航空管理局(Federal Aviation Administration,FAA)《咨询通告》(AC150/5308-5B)。

(6)《机场外来物管理规定》(AP-140-CA-2011-2)。

---

① 本标准现以《民用机场飞行区技术标准》(MH 5001—2021)代替。

(7)《民用机场净空遮蔽原则(征求意见稿)》(MH/T 2021)。

(8)《防止机场地面车辆和人员跑道侵入管理规定》(AP-140-CA-2011-3)。

(9)《运输机场专业工程施工组织设计规范》(MH/T 5061-2022)。

(10)《民用航空通信导航监视台(站)设置场地规范 第1部分:导航》(MH/T 4003.1—2014)。

1.4.2　不停航管理规定

贵阳机场三期扩建工程施工按照以下不停航管理规定进行。

(1)机场有飞行任务期间,禁止在跑道端之外300 m以内、跑道中心线两侧60 m以内的区域进行任何施工作业。

(2)在跑道端300 m以外、跑道中心线两侧60 m以外区域施工的,机具、车辆的高度不得穿透障碍物限制面。

(3)除特别批准外,滑行道、机坪道面边线以外施工的,应与道(坪)边线保持7.5 m加上本机场使用最大机型翼展宽度0.5倍的距离。

(4)在跑道端300 m以外区域进行施工的,施工机具、车辆的高度以及起重机悬臂作业高度不得穿透障碍物限制面。跑道两侧升降带内进行施工的,施工机具、车辆、堆放物高度以及起重机悬臂作业高度不得穿透内过渡面和复飞面。施工机具、车辆的高度不得超过2 m,并尽可能缩小施工区域。

(5)人员、机具和车辆进入飞行区从事施工作业,必须事先取得塔台管制人员的同意。在航空器起飞或者着陆前1 h,施工单位应清理恢复现场,填平、夯实沟坑,将施工人员、机具、车辆撤离施工现场,由机场现场指挥部门或场务维护部门检查合格后通知塔台。

(6)在滑行道、机坪道面边以外进行施工的,当有航空器通过时,在滑行道中线或机位滑行道中线至物体的最小安全距离范围内,不得存在影响航空器滑行安全的设备、人员或其他堆放物,并不得存在可能吸入发动机的松散物和其他可能危及航空器安全的物体。

(7)施工期间,应当保护好导航设施临界区、敏感区的场地。航空器运行时,任何车辆、人员不得进入临界区及敏感区,且不得使用可能对导航设施或航空器通信产生干扰的电气设备。

(8)易飘浮的物体、堆放的材料应当加以遮盖,防止被风或航空器尾流吹散。

(9)在航班间隙或航班结束后进行施工,在供航空器使用之前必须对该施工区域进行全面清洁。施工车辆和人员的进出路线穿越航空器开放使用区域,应对穿越区域进行不间断检查。发现道面污染时,应及时清理。

(10)施工车辆、机具的停放区域和堆料场的设置不得阻挡机场管制塔台对跑道、滑行道和机坪的观察视线,也不得遮挡任何使用中的助航灯光、标记牌,并不得超过净空限制面。

(11)机场障碍物限制面范围以外、距机场跑道中心线两侧各10 km,跑道端外20 km的区域内,高出原地面30 m且高出机场标高150 m的物体应当认为是障碍物,除非经专门的航行研究表明此类物体不会对航空器的运行构成危害。

(12)航向信标天线中心前向±10°、距离航向信标天线3 000 m的区域内,不应有高于

15 m 的建筑物、大型金属反射物和高压输电线。

（13）航向信标台的临界区是由圆形和长方形合成的区域,圆的中心即航向信标天线中心,其半径为 75 m,长方形的长度为从航向信标天线开始沿跑道中线延长线向跑道方向延伸至 300 m 或跑道末端(以大者为准),宽度为 120 m。在航向信标台临界区内除为保障飞行安全所必需的助航设施以外,不应有树木、建筑物(航向机房除外)、道路、金属栅栏和架空线缆等障碍物,临界区内的助航设施应保证对导航信号的影响降至最低。进入航向信标台的电力线缆和通信线缆应从临界区外埋入地下。临界区内不应停放车辆或航空器,不应有任何地面交通活动。

1.4.3　适航要求

贵阳机场扩建为不停航施工,工程不仅要符合不停航管理规定,同时也要满足常态下的适航要求,保证常态下的飞机运行安全,具体如下:

（1）临时关闭的跑道、滑行道或其一部分,应当按照《民用机场飞行区技术标准》(MH 5001—2013)的要求设置关闭标志。已关闭的跑道、滑行道或其一部分上的灯光不得开启。被关闭区域的进口处应当设置不适用地区标志物和不适用地区灯光标志。

（2）在机坪区域进行施工的,对不适宜于航空器活动的区域,必须设置不适用地区标志物和不适用地区灯光标志。

（3）因不停航施工需要跑道入口内移时,应按照《民用机场飞行区技术标准》(MH 5001—2013)设置或修改相应的灯光及标志。

（4）施工区域与航空器活动区应有明确而清晰的分隔,如设立施工临时围栏或其他醒目隔离设施。围栏应能够承受航空器吹袭,且围栏上应设置标志,夜晚应予以照明。

（5）施工区域内的地下电缆和各种管线应设置醒目标识,施工作业不得对电缆和管线造成损坏。

（6）施工期间,应定期检查各种临时标志、标志物,保证其清晰有效,以及临时灯光工作正常。航空器活动区附近的临时标志物、标记牌和灯具应采用易折杆,并尽可能接近地面。

（7）邻近跑道端安全区和升降带平整区的开挖明沟和施工材料堆放处,必须用红色或橘黄色小旗标示以示警告。在低能见度天气和夜间,还应加设红色恒定灯光。

（8）未经机场消防管理部门的批准,不得使用明火,不得使用电、气进行焊接和切割作业。

（9）在导航台附近进行施工的,应事先评估施工活动对导航台的影响。因施工需要关闭导航台或调整仪表进近最低标准的,应按照民航局的其他有关规定履行批准手续,并在正式实施前发布航行通告。

（10）因施工使原有排水系统不能正常运行的,应采取临时排水措施,防止因排水不畅造成飞行区被淹没。

（11）因施工影响机场消防、应急救援通道和集结点的正常使用时,应采取临时措施。

（12）进入飞行区从事施工作业的人员,应经过培训并申办通行证(包括车辆通行证)。人员和车辆进出飞行区出入口时,应接受检查。飞行区施工临时设置的大门应符合安全保卫的有关规定。施工人员和车辆应严格按照施工组织管理方案中规定的时间和路线进出施工区域。因临时进出施工区域,驾驶员没有经过培训的车辆,应由持有场内车驾驶证的机场管理机构人员全程引领。

(13)进入飞行区的施工车辆,其顶部应设置黄色旋转灯标,并处于开启状态。

(14)施工单位应与机场现场指挥机构建立可靠的通信联系。施工期间应派施工安全检查员现场值守和检查,并负责守听。安全检查员必须经过无线电通信培训,熟悉通信程序。

第2章　不停航施工限制条件和施工难点

2.1　不停航施工限制条件

2.1.1　总体高度限制

　　贵阳龙洞堡国际机场三期扩建工程是在现有机场运行区域的基础上,根据《贵阳龙洞堡国际机场总体规划局部调整报告》对机场进行扩建。根据工程设计方案,贵阳龙洞堡国际机场三期扩建工程区域划为 7 个标段,各标段均位于飞行区过渡面、内水平面、进近面和内进近面组成的障碍物限制面区域内,如图 2-1 和图 2-2 所示。

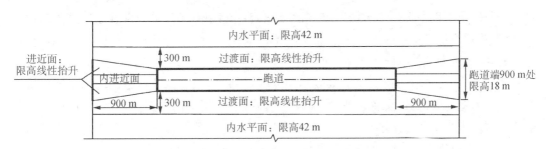

图 2-1　不停航施工区域障碍物限制面高度

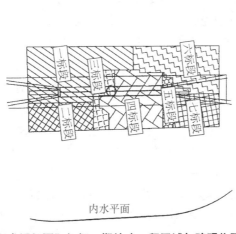

图 2-2　贵阳龙洞堡国际机场三期扩建工程区域与障碍物限制面的关系

为保证施工期间机场正常运行,就不可避免使用原有跑道(西跑道)和滑行道。而在前文所述的不停航施工管理规定中,对不停航施工受到的净空、电磁保护以及与运行区域的距离等限制做出了明确的规定和解释,这就导致在机场运行时段内,原有跑道和滑行道周围的一定范围内不能施工,将这类区域称为一类区域,其位置如图 2-2 所示。飞行区的其他范围内施工机具高度不能超过图 2-1 所示限制高度的要求,将这类区域称为二类区域。

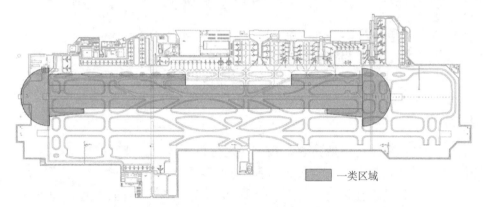

图 2-3　贵阳龙洞堡国际机场三期扩建工程不停航施工一类区域位置

三期扩建工程中飞行区面积为 26% 的区域为一类区域,该区域只能在夜间停航后进行施工,导致平均每日有效施工时间不足 3 h,不停航施工时,如果不对施工区域和施工阶段进行划分,将极大地影响施工效率。但是,二类区域在满足限高要求的条件下,可以进行全天候施工,与一类区域的施工要求截然不同,这就导致本工程在进行施工时不仅要面临施工区域巨大造成的人员、设备、材料大幅增加,而且要采用不同的施工制度和标准,给不停航施工管理带来了巨大困难。除原有跑道和滑行道外,新建跑道和滑行道以及个别区域在使用时,不停航施工也会受到同样的限制,并遇到同样的问题。

2.1.2　机场运行要求

贵阳龙洞堡国际机场自建成至 2019 年,旅客吞吐量、货邮吞吐量和飞机起降架次均呈现稳定增长态势,2018 年旅客吞吐量突破 2 000 万人次,2019 年旅客吞吐量、货邮吞吐量和飞机起降架次达到峰值,分别为 2 191 万人次、12 万吨和 16.7 万架次,日平均起降航班超过450 架次。机场夜间停航窗口期较短,一般为 02:10—05:40,关闭时长 3.5 h。然而,飞机平均起降间隔不足 3 min,已基本达到单跑道运行容量的极限,这使机场运行繁忙并且压力较大。因此,如何在保证运行安全的前提下,尽量减少因施工造成的运行效率损失,是贵阳龙洞堡国际机场三期扩建工程不停航施工过程中需要重点考虑的问题。

为了保证机场的运行安全,我国现行规范规定:机场运行期间,距离跑道端 300 m 范围内、跑道中心线两侧 60 m 范围内禁止施工,在此范围之外的施工作业不能超过障碍物限制面规定的高度。因此,在飞行区内进行不停航施工的同时必须临时关闭一部分滑行道或者跑道,使得飞行区既有的设计结构不完整,飞行区内飞机滑行通道局部受限,这样将直接影响飞机的滑行和起降,进而影响机场的运行效率。具体来说,不停航施工对机场运行造成的影响主要包括以下方面。

(1) 飞行区容量减小：不停航施工情况下滑行道的部分关闭会导致飞行区内可供飞机运行的区域缩小，可选择的滑行路径减少，从而导致飞行区容量减小。

(2) 飞机滑行效率降低：由于跑滑系统不完整，在管制员进行滑行引导与路径规划时，难以遵循一般滑行路径规划的"单向、顺向、循环"的原则，使得冲突、等待发生的概率增加而导致飞机滑行效率降低。

(3) 安全风险增加：一方面，受限的飞行区运行条件会导致潜在的冲突点增多，同时会限制冲突解脱的方式，增加安全风险；另一方面，不停航施工时存在人员、材料、设备和工程废弃物等入侵运行的跑道或滑行道的风险。

因此，不停航施工和机场运行之间存在复杂的相互制约关系，如何在满足机场高位运行需求的同时，开展高效的不停航施工，是机场运行部门和施工建设单位之间的又一难题。

2.1.3　施工"孤岛"

随着不停航施工区域的不断改变，机场飞行区运行路径也需要做出相应的调整，这就导致部分施工区域被机场运行区域"包围"，形成施工"孤岛"。这些施工"孤岛"主要出现在三期扩建工程的第二阶段，即新跑道投入运行、老跑道停止使用阶段，该阶段的飞机运行路径和施工"孤岛"如图 2-4 所示。

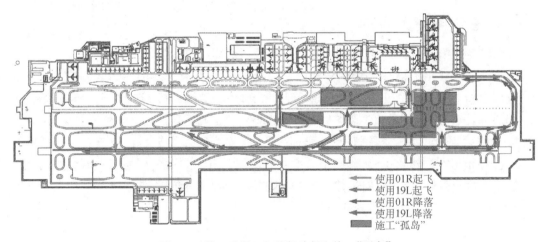

图 2-4　第二阶段飞机运行路径和施工"孤岛"

这些施工区域受到的限制包括以下方面。

(1) 施工高度限制。根据《民用机场运行安全管理规定》(CCAR-140-RI)，运行中的滑行道两侧 47.5 m 范围内不能进行任何施工，在此范围内的施工只能在夜间停航后开展。而施工"孤岛"区域的其他范围在机场运行期间的施工则受到严格的高度限制——施工机具高度不能超过 2 m，夜间停航后的施工则不受施工高度的限制。

(2) 运行时间限制。机场运行阶段允许施工的内容只占施工"孤岛"所需工程量的一小部分，大部分施工均在夜间停航后开展。由于贵阳龙洞堡国际机场夜间停航窗口期较短，一般为 02:10—05:40，停航时长 3.5 h，而夜间不停航施工又必须提前半小时离场，因此理论上夜间施工时间不足 3 h。考虑到部分航班备降、晚点或临时增加，导致有时停航时间更短，造成当晚无法开展施工，极大地限制了不停航施工的开展。

（3）进出场限制。夜间停航后的不停航施工所受限制较少，故施工单位会在该时段内安排较多人员和机械进入场区内施工，但由于施工区域周围已经修建完毕，不能随意穿越已投入运行的设施，因此，这些人员和设备的进出场受到严格限制，主要包括：在机场停航前半小时应在道口前集合，并进行安检和清点，待收到机场停航通知后立刻通过施工便道或下穿通道进场开始施工；机场通航半小时前，所有人员、材料、设备必须离场并再次清点，根据规定消除施工直立面和施工区域的坑洞。此外，白天在施工"孤岛"区域的施工，须在满足限高要求的前提下进行，并且在进出施工场区前，必须经安检和清点。

（4）围界限制。不停航施工必须在围界范围内进行，以保证施工的正常进行和机场的安全运行。由于机场运行期间可施工区域受到严格限制，所以该时段施工的围界应设置在距离滑行道中心线 47.5 m 处，且高度不能超过 2 m，并配以警示标志标牌。夜间停航后的施工高度和范围受限较少，因此该时段围界可扩展至实际需要施工的边界，且高度不受限制。某一区域施工完成以后，必须先设置好新施工区域的围界，再对老围界进行拆除。

2.2 不停航施工难点

2.2.1 重点监管区域巨大

贵阳龙洞堡国际机场三期扩建工程面临着诸多挑战，如扩建工程与现有运行区域大量交叠，属于不停航施工管控范围的区域约 190 万 m^2，占总建设用地的 40%。其中填方工程 8 957.5 万 m^3，挖方 869.0 万 m^3，道面 165.6 万 m^2，飞行区排水沟 64.5 km，下穿通道 4 489.8 m，围场路 3.2 万 m^2，服务车道 9.2 万 m^2，以及大量新建的各类灯光工程、线路倒改施工和各类隐蔽工程。根据现行《运输机场运行安全管理规定》，在跑道有飞行活动期间，禁止在跑道端之外 300 m 以内，跑道中心线两侧 75 m 以内的区域进行任何施工作业。而在贵阳龙洞堡国际机场三期扩建工程中，跑道有飞行活动期间，禁止进行任何施工作业的区域更是多达 124.9 万 m^2，占比达 26%。

2.2.2 工程建设周期冗长

工程自 2016 年 12 月 30 日开工，预计 3 年完工。由于不停航施工过程中遇到的一系列问题，导致工程建设周期延长，如西南机坪修建过程中遇到航油管线占位的问题，不得不等各方同意后对其进行改迁；部分施工在夜间停航后开展，而实际有效施工时间不足 3 h；施工机具受高度限制，极大地降低了施工效率。巨大的施工范围、繁杂的管理协商过程和不断涌现的新问题，使得普通施工的周期对于本工程已不再具有太多参考价值。而各单位的不停航施工只能根据运行以及其他单位的施工安排开展，又增加了不停航施工的复杂度，本项目的建设周期只能在此类环境中不断进行调整。

2.2.3 重大安全风险源众多

贵阳龙洞堡国际机场三期扩建工程始终把安全放在第一位。然而，由于本工程的不停航施工涉及 10 家施工单位、32 个分部分项工程以及上千名施工人员,施工范围广、同步施工区域多,导致安全风险来源复杂,包括产生可能损伤航空器的外来物质(Foreign Object Debris,FOD),施工人员、车辆和设备进入航空器活动区或导航设备敏感区,地下管线破坏和施工机具超高等。其中,A 滑延长段(位置见图 2-5)的不停航施工受到以下四个主要风险源影响:①位于飞机滑行影响范围和跑道端安全范围内,飞行区运行期间禁止施工,且施工人员、车辆和机具须全部撤离,施工区域整理要求高,流程环节多;②靠近航站区,地下管线众多,排布复杂;③与下穿通道工程在空间上重叠;④紧邻运行中的滑行道造成道面 FOD 的风险大。而指挥部、各施工单位和其他部门一旦忽视了这些风险源,则可能对机场的运行和后续施工产生重大影响。因此,为保证施工安全和机场运行安全,辨识安全风险源及做好评估和管控措施,成为本工程不停航施工的挑战和亮点。

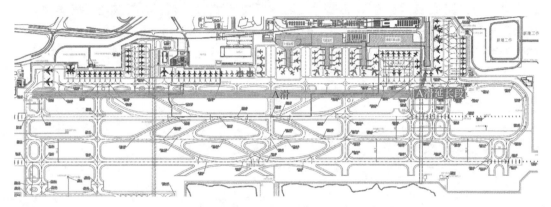

图 2-5　贵阳龙洞堡国际机场三期扩建工程 A 滑延长段位置

2.2.4　机场运行与施工冲突明显

截至 2022 年,贵阳龙洞堡国际机场年吞吐量已超过 2 000 万人次,日平均起降航班超过 400 架次,运行压力大。因此,在建设过程中仍然以保障运行为优先,最大限度减小建设对运输量的影响,在建设需要让位于运行保障的前提下,安全、有效地开展施工是指挥部的指导思想。受到现有跑道南、北下滑台电磁环境保护区、北灯光站及南航机库不能搬迁和南侧下穿通道明开挖等因素影响,使得工程面临绕行滑行道建设与现有跑道北进近灯光之间的矛盾、下降复飞决断高度与西跑道东侧部分地基处理的强夯机械高度的矛盾、飞行区现有管线倒改与使用需求间的矛盾、滑行道延长和搭接施工与运行的矛盾,以及新建滑行道的部分区域存在无法建成的矛盾等。

2.2.5　管理与协调过程复杂

贵阳龙洞堡国际机场三期扩建工程的飞行区共有 13 家施工单位参与建设,其中仅 3 家施工单位不涉及不停航施工。建设指挥部管理的参建单位共 23 家,包括机场运行部门、机场设计单位和施工单位等各类单位,高峰时期参与建设的人数达 4 000 余人,各类机械车辆达 2 000 余辆,很多问题需各部门上下级之间、部门与部门之间协商解决。既要保证施工高效运行,又要保证不停航施工的各项安全规定落到实处,对安全管理工作提出了较一般工程更高的标准。此外,考虑到不停航施工一类监管区域内的施工作业面狭窄,且同步施工工序较多,施工作业协调难度高。不停航施工的组织不仅要以保障安全运行为出发点,还需提前统筹考虑如何为现有运行补充机位资源。因此,需要打破常规的管控框架,开展突破性管控。

2.2.6 难点工程施工无例可循

其一,在贵阳龙洞堡国际机场三期扩建工程中,新建绕滑的设计高程高于现有西跑道北端进近灯光约 10 m,修建绕滑将遮挡正在使用的西跑道北端进近灯光,进而影响使用西跑道北端降落的航班,因此修建绕滑应先解决西跑道北端进近灯光被遮挡的问题,需关闭整个进近灯光,全国范围内均没有经验可以借鉴。其二,为保证航班正常性,减少飞机占用跑道时间,提高东跑道运行效率,需将部分老跑道改造为临时滑行道,国内可参考案例比较有限。其三,东跑道助航灯光带存在多种地形和环境复杂的区域,需摒弃原有“一塔一基”的灯光系统形式,建造便于运行维护的新式东跑道进近灯光系统,这在民航领域无例可循。

第 2 篇

不停航施工技术

第3章 不停航施工总体策划

3.1 施工区域航行评估

随着贵阳龙洞堡国际机场三期扩建工程的开展,机场周边的净空处理、场道平整以及土石方处理施工逐步展开。由于扩建工程施工区域围绕机场,为保障不停航施工期间贵阳机场的运行安全,工程对不停航施工区域进行了航行评估。依据施工区域分布,结合机场障碍物限制面、贵阳机场飞行程序、飞机性能和导航台站保护区等因素,分析评估了不停航施工区域,并且提出了相应的建议。具体如下:

(1)根据《民用机场飞行区技术标准》(MH 5001—2013)和贵阳机场的概况,绘制了障碍物限制面,如图 3-1 所示。

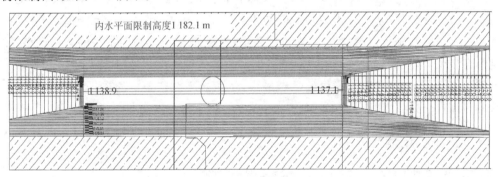

图 3-1　障碍物限制面

(2)根据障碍物限制面中过渡面、内水平面等的梯度与高度要求,对所涉及的标段范围进行了限高评估,确定允许施工高度不大于 1 182.1 m。

(3)根据贵阳机场现行离场程序所需的离场梯度,对各标段施工进行了限高评估,各标段施工应严格遵守 OIS 面、VSS 面、APV-OAS 面以及 VOR/DME 进近程序保护区的限制,对于必须穿透 OAS 面的,应修改 DH。

(4)根据飞机的性能,确定了起飞航径区限制高度。

(5)根据贵阳机场现有无线电导航和着陆设施保护区的限高要求,确定了不停航施工的限高。通过限高要求,最终提出针对各标段的施工建议。比如,在跑道北端施工时,机场运行采用向南运行的方式更为有利,反之亦然;在航向台周围进行施工时,建议调整施工时间至机场停航后;对二标段较高障碍物施工时,夯机容易超出限制,则应避免在该区域的使用,若不可避免地采用大型施工机械,应及时发布提高运行标准的航行通告。

3.2 飞行区运行方案研究

根据 2018 全年高峰/平均起降班次分布数据和不停航施工的要求,建立了贵阳龙洞堡国际机场飞行区运行仿真模型,主要考虑飞行区的可能冲突点和延误点。通过模拟获取不同工况(运行路径)下飞机进港、离港延误时间和平滑时间,提出了区间穿越的滑行策略。分析第二阶段的飞机运行情况,根据航班正常放行率和飞机进港滑行时间的研究,提出了第二阶段机场运行方式。

贵阳龙洞堡国际机场三期扩建工程现阶段需在现有跑道(01L/19R)不停航的条件下,修通连接航站楼区域和新跑道(01R/19L)的关键区域以确保新跑道(01R/19L)于 2020 年开启使用。同时,确保在现有跑道(01L/19R)关闭并进行跑道延长工程期间,贵阳龙洞堡国际机场的客运吞吐量不低于 2018 年 2 009.6 万人次的水平。这些关键区域由于侵入或非常靠近现有跑道(01L/19R)下滑台保护区,相应的工程施工必须在机场夜间停航期间进行,从而导致其工程周期变长,影响了贵阳龙洞堡国际机场三期扩建工程的整体工期;然而,关闭现有跑道的下滑台、每天 24 h 连续施工方案也将给飞行区运行带来影响。另外,关键区域的不连通会使新跑道(01R/19L)无法连接航站楼区域,导致整个工程无法按时完工。因此,贵阳三期扩建工程必须分析多种可能的飞行区运行方案,使得以下绩效综合指标达到最佳:①施工期短、施工组织难度小,对现有跑道(01L/19R)下滑台保护区的影响最小;②机场空侧容量最大,从而减少航班削减或航班计划改动的可能性以及减少机场整体运行效率降低的可能性;③离港和进场飞机的延误最小,从而减小航空公司的成本增加和旅客体验下降的可能性。

3.2.1 贵阳机场运行方案

为确保施工期间现有跑道(01L/19R)的运行安全和第二跑道(01R/19L)的运行效率,确定出两种方案并进行运行效率对比分析。

1. 方案一

仅中间的一个垂直联络道联通,与北端绕滑形成单通道闭环,如图 3-2 和图 3-3 所示。在下文中称"一条联络道运行"方案。

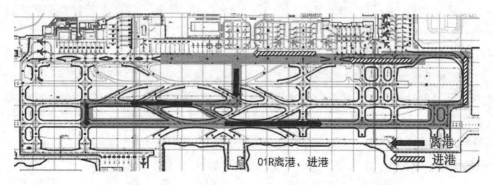

图 3-2　方案一:飞机使用跑道 01R 离港、进港运行线路

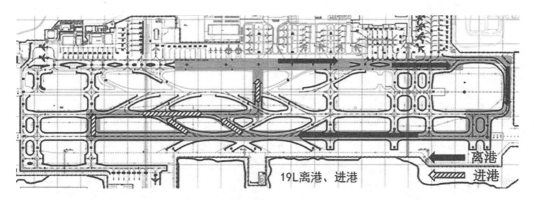

图 3-3 方案一:飞机使用跑道 19L 离港、进港运行线路

2. 方案二

中间及偏北的两个垂直联络道联通,与北端绕滑形成双通道闭环,如图 3-4 和图 3-5 所示。在下文中称"两条联络道运行"方案。

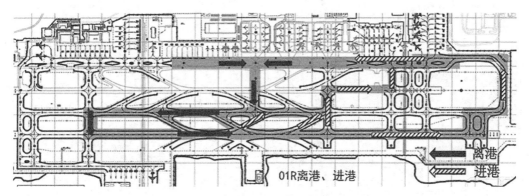

图 3-4 方案二:飞机使用跑道 01R 离港、进港运行线路

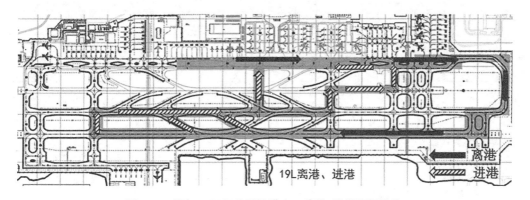

图 3-5 方案二:飞机使用跑道 19L 离港、进港运行线路

3.2.2 最优方案论证

1. 基本参数

根据贵阳机场真实航班数据,参数包括但不限于飞机机型组合、进港飞机/离港飞机的

比例和气象条件等,如表 3-1 所示。

表 3-1 贵阳机场 2019 年典型高峰日进港、离港航班时间分布

时间段	进港数(架)	离港数(架)	进离港数(架)
00:00—01:00	14	3	17
01:00—02:00	6	0	6
02:00—03:00	0	0	0
03:00—04:00	1	0	1
04:00—05:00	0	0	0
05:00—06:00	0	0	0
06:00—07:00	1	4	5
07:00—08:00	3	11	14
08:00—09:00	6	19	25
09:00—10:00	18	10	28
10:00—11:00	15	15	30
11:00—12:00	20	20	40
12:00—13:00	13	16	29
13:00—14:00	14	11	25
14:00—15:00	16	8	24
15:00—16:00	12	12	24
16:00—17:00	16	15	31
17:00—18:00	14	15	29
18:00—19:00	13	14	27
19:00—20:00	14	12	26
20:00—21:00	12	13	25
21:00—22:00	12	15	27
22:00—23:00	12	16	28
23:00—24:00	9	8	17
总计	241	237	478

2. 评价指标

1)离港航班放行正常率

$$机场放行正常率=放行正常班次 /放行总班次×100\%$$

符合下列条件之一的航班判定为放行正常航班:①航班在计划离港时间后规定的标准机场地面滑出时间之内起飞。标准机场地面滑出时间按照民航局上一年度公布的机场旅客吞吐量划分,即规定的航班在该机场从撤轮挡到起飞的最大时间。贵阳龙洞堡国际机场

2018 年旅客吞吐量为 2 000 万人次以上,故标准机场地面滑出时间为 30 min。②前序航班实际到港时间晚于计划到港时间的,航空器在计划过站时间内完成服务保障工作,本段航班在规定的标准机场地面滑出时间之内起飞。

2) 进港航班滑入时间

由于"计划到港时间"是按航班在机位停稳后、地面机务人员挡上航空器第一个轮挡的时间计时,因此无法在仿真软件里体现出来(软件按飞机进入机场进近空域时开始计时)。现用进港航班滑入时间(从飞机开始进入机场近空域到机位停稳)来反映机场在保障进港航班保障能力。

3. 计算结果

分别计算以下情况的航班放行正常率:现行状况运行、一条联络道运行和两条联络道运行,其结果如表 3-2 和图 3-6—图 3-9 所示。

表 3-2　　　　　　　　　　　　　　航班放行正常率比较

指标		现有状况运行(跑道 01L)	现有状况运行(跑道 19R)	一条联络道运行(跑道 01R)	一条联络道运行(跑道 19L)	两条联络道运行(跑道 01R)	两条联络道运行(跑道 19L)
机场地面滑出时间/min	最小值	7.0	3.8	9.3	6.9	9.3	6.9
	最大值	46.3	27.3	54.2	50.6	51.0	50.6
	平均值	18.2	12.0	20.2	20.7	20.1	22.1
>30 min 航班数(架次)		21	0	30	42	31	47
航班放行正常率		91%	100%	87%	82%	87%	80%

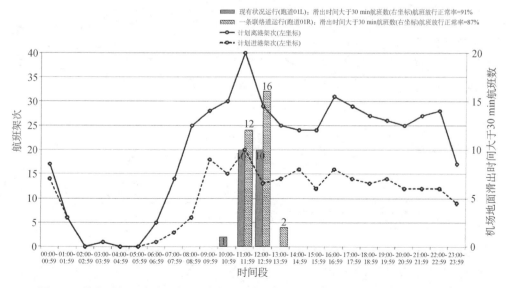

图 3-6　航班放行正常率比较:现有状况运行(跑道 01L)和一条联络道运行(跑道 01R)

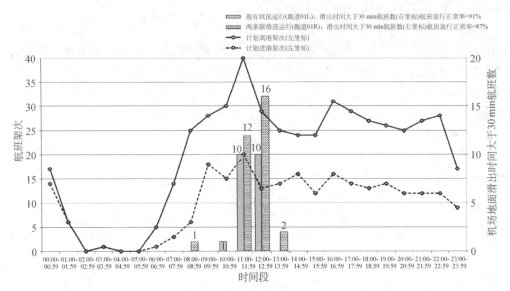

图 3-7　航班放行正常率比较：现有状况运行(跑道 01L)和两条联络道运行(跑道 01R)

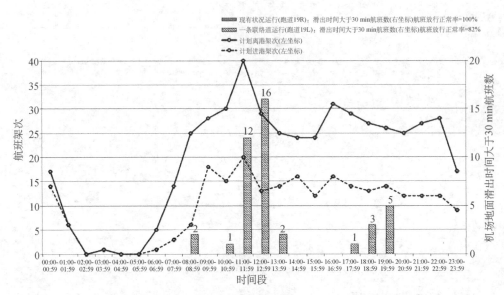

图 3-8　航班放行正常率比较：现有状况运行(跑道 19R)和一条联络道运行(跑道 19L)

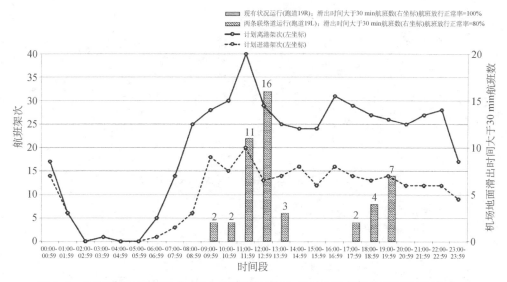

图 3-9　航班放行正常率比较：现有状况运行(跑道 19R)和两条联络道运行(跑道 19L)

由图 3-6—图 3-9 可知,对于航班放行正常率而言,一条联络道运行的方案略优于两条联络道运行的方案,因为两条联络道运行产生了较多的冲突点。

分别计算以下情况的航班进港滑入时间：现行状况运行,一条联络道运行和两条联络道运行,计算结果如表 3-3 所示。

表 3-3　　　　　　　　　　　　　　航班进港滑入时间比较

指标		现有状况运行 (跑道 01L)	现有状况运行 (跑道 19R)	一条联络道 (跑道 01R)	一条联络道 (跑道 19L)	两条联络道 (跑道 01R)	两条联络道 (跑道 19L)
航班进港滑入时间 /min	最大值	16.3	19.7	25.9	20.2	21.6	19.6
	最小值	4.5	7.2	9.2	5.8	6.9	6.0
	平均值	8.2	12.0	14.3	10.9	12.3	10.9
航班进港滑入延误时间 /min	最大值	9.8	4.2	10.1	3.7	7.9	2.4
	最小值	0.0	0.0	0.0	0.0	0.0	0.0
	平均值	0.8	0.4	0.9	0.3	0.8	0.3

由此可见,方案一和方案二在"航班进港滑入时间"指标比较中有较明显差异,方案一的滑入时间明显偏高,方案二的表现较佳。

3.2.3　运行冲突点分析

1. 现有状况

现有状况的航班运行冲突点如图 3-10 和图 3-11 所示。

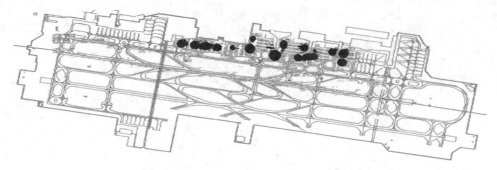

图 3-10　运行冲突点位示意图:现有状况运行(跑道 01L)

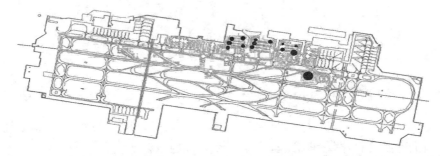

图 3-11　运行冲突点位示意图:现有状况运行(跑道 19R)

2. 方案一

方案一的航班运行冲突点如图 3-12 和图 3-13 所示。

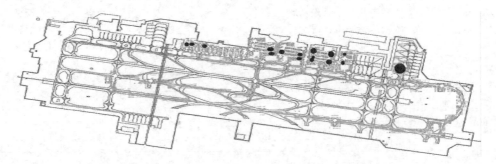

图 3-12　运行冲突点位示意图:一条联络道运行(跑道 01R)

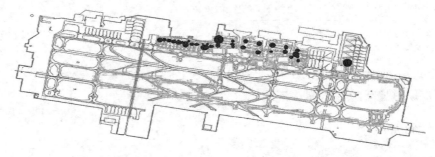

图 3-13　运行冲突点位示意图:一条联络道运行(跑道 19L)

3. 方案二

方案二的航班运行冲突点如图 3-14 和图 3-15 所示。

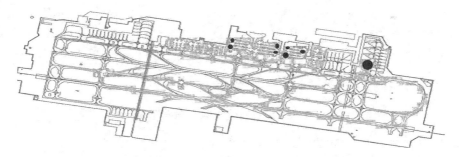

图 3-14　运行冲突点位示意图:两条联络道运行(跑道 01R)

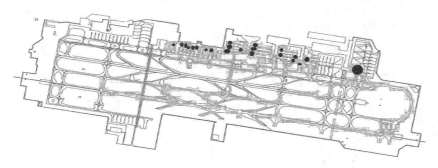

图 3-15　运行冲突点位示意图:两条联络道运行(跑道 19L)

3.3　施工区域与阶段划分

　　机场平行近距跑道扩建不停航施工技术的核心,是在施工的同时使机场运行从单跑道模式转变为近距平行跑道模式。近距跑道的扩建包括新建近距平行跑道工程、滑行道工程、飞行区道桥工程、排水工程、土石方工程、灯光与通导工程和安防工程等。多工程集中于同一区域,导致施工部署困难,因此需要根据工程特征和运行需求,对施工开展阶段与区域进行划分。

　　为保障机场正常运行,贵阳机场扩建工程被划分为三个阶段(图 3-16)。第一阶段为老跑道运行、新跑道建设阶段;第二阶段为新跑道运行、老跑道关闭建设阶段;第三阶段为新老跑道协同运行阶段。同时,根据运行需求,将第二阶段施工划分为多个区域,精细化了施工作业次序,增加了施工作业面,使得多施工区域可以同时进行,从而缩短了工期,实现了机场建设的分批次施工、分批次验收和分批次投用。

　　以第二阶段为例,涉及多区域不停航施工,应综合考虑限高、运行等方面因素的影响,同时应考虑施工可行性,以此对第二阶段施工区域进行详细划分(图 3-17)。

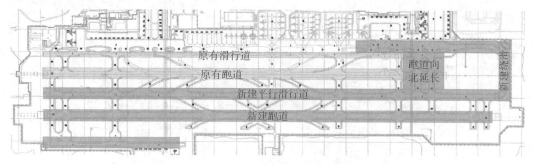

图 3-16 贵阳机场三期扩建工程分阶段示意

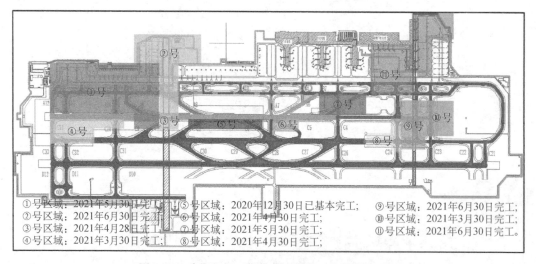

①号区域：2021年5月30日已基本完工；　⑤号区域：2020年12月30日已基本完工；　⑨号区域：2021年6月30日完工；
②号区域：2021年6月30日完工；　⑥号区域：2021年4月30日完工；　⑩号区域：2021年3月30日完工；
③号区域：2021年4月28日完工；　⑦号区域：2021年5月30日完工；　⑪号区域：2021年6月30日完工。
④号区域：2021年3月30日完工；　⑧号区域：2021年4月30日完工；

图 3-17 贵阳机场三期扩建工程第二阶段施工区划

3.4 施工风险评估

贵阳机场三期扩建工程施工风险涉及不停航施工的方方面面。指挥部、各施工单位和其他部门一旦忽视了其中的风险源，可能对机场运行和后续施工造成重大影响。因此，辨识安全风险源并做好评估和管控措施既是贵阳龙洞堡国际机场三期扩建工程的一大特点，又是不停航施工的一大挑战。

针对本工程不停航施工中可能出现的问题，按照风险源识别、风险等级评估和安全风险控制的"三步走"策略，对不停航施工风险进行管控。其中，风险源识别划分为综合管理、通用原则、施工区域、施工项目和管理部门五个方面；风险等级根据安全风险可能性和严重程度划分为单个等级；安全风险控制以具体预案的形式体现。此外，本工程制定了不停航施工紧急事件处置预案和紧急突发事件的上报及处理程序。针对突发情况，采用"一事一举措"的方式，做到"三个及时"，即及时上报、及时处理、及时反馈，并最终形成文案记录，总结经验，防止后续同类事件发生。

第4章　地基处理与土石方工程不停航施工

4.1　土石方工程

4.1.1　填方不停航施工技术方案

1. 土石方填筑要求

土石方填筑应满足以下要求。

（1）每个填筑顶面沿坡向应基本水平，不能沿坡碾压。为了在施工时有利于临时排水，填筑面可按 0.5%～5% 坡度外倾。

（2）土石方填筑原则上应从坡脚位置开始，由下往上逐步进行。各个标段和各个工作面之间应协调配合。

（3）土石方施工应与原地基处理施工配合进行，以利于解决台阶开挖和施工面搭接问题，同时便于施工管理和提高效率。

（4）应严格按边坡设计进行放坡和修正马道。

（5）高填方地基的沉降（包括水平位移）稳定需要较长时间，为保证足够的沉降稳定时间，应先行安排高填方区段的施工。

（6）边坡区填方施工速率应符合设计要求。当边坡坡脚处地基水平位移或边坡坡面水平位移每天超过 5 mm，且 3 d 累计位移量超过 15 mm 时，应减缓加载速率或暂停施工。

同时，土石方填筑材料应根据场地分区及填筑竖向部位确定，详见表 4-1。

表 4-1　　　　　　　　　　　　　　土石方填筑填料要求

场地分区	竖向范围/m	填料要求	压实指标	
飞行区道面影响区	道基顶面高程以下 0～0.6	中风化灰岩、白云岩，粒径不大于 0.2 m，级配良好，含泥量不大于 10%	干密度	≥2.30 g/cm³
			固体体积率	≥83%
	道基顶面高程以下 0.6～4	中风化灰岩、白云岩，粒径不大于 0.8 m，级配良好，含泥量不大于 20%	干密度	≥2.25 g/cm³
			固体体积率	≥81%
	道基顶面高程以下 4～H	灰岩、白云岩，粒径不大于 0.8 m，级配良好，含泥量不大于 20%	干密度	≥2.25 g/cm³
			固体体积率	≥81%
填方边坡稳定影响区	0～H	中风化灰岩、白云岩，粒径不大于 0.8 m，级配良好，最下 4 m 含泥量不大于 10%，以上含泥量不大于 20%	干密度	≥2.25 g/cm³
			固体体积率	≥81%

(续表)

场地分区	竖向范围/m	填料要求	压实指标	
航站区	$0\sim H$	灰岩、白云岩比例≥70%,粒径不大于0.8 m,级配良好,含泥量不大于20%	干密度	≥2.30 g/cm³
			固体体积率	≥83%
工作区建筑区	地势设计高程以下0~2.5	红黏土	压实度	≥93%
		灰岩、白云岩,粒径不大于0.8 m,级配良好,含泥量不大于20%	干密度	≥2.22 g/cm³
			固体体积率	≥80%
	地势设计高程以下2.5~H	灰岩、白云岩,粒径不大于0.8 m,级配良好,含泥量不大于20%	干密度	≥2.22 g/cm³
			固体体积率	≥80%
飞行区土面区	地势设计高程以下0~0.3	植物土、红黏土	压实度	≥88%
	地势设计高程以下0.3~H	红黏土	压实度	≥90%
		灰岩、白云岩,粒径不大于0.8 m,级配良好,含泥量不大于20%	干密度	≥2.08 g/cm³
			固体体积率	≥75%
工作道路区	地势设计高程以下0~2	灰岩、白云岩,粒径不大于0.2 m,级配良好,含泥量不大于10%	干密度	≥2.17 g/cm³
			固体体积率	≥78%
	地势设计高程以下2~H	灰岩、白云岩,粒径不大于0.8 m,级配良好,含泥量不大于20%	干密度	≥2.11 g/cm³
			固体体积率	≥76%

注:1. 表中 H 为土石方填筑高度;
   2. 压实度均采用重型击实标准;
   3. 级配良好应满足不均匀系数 C_u≥5,曲率系数 C_c=1~3;
   4. 填料粒径除符合表中规定外,采用碾压工艺时,应不大于压实层厚的2/3。

边坡区除坡面植草防护外,禁止填红黏土和植物土。位于坡脚附近的水塘,对原地基进行处理后,应结合土石方填筑将该低洼处回填至周围地面标高,以确保边坡的稳定性。有机质含量大于5%的土料不得用于土石方填筑,可用于土面区表面或边坡绿化覆土。飞行区和工作区内单体建筑物和道路、停车场以及地下通道等构筑物对填料的要求应符合相应专业图纸及现行相关标准的规定。

2. 土方填筑施工工艺

填料为红黏土时,可采用碾压工艺;填料为灰岩或白云岩时,可采用强夯或冲击碾压工艺。土石方填筑设计参数见表4-2和表4-3。强夯夯击遍数为1遍,点夯和满夯的收锤标准均为不少于表中所列击数且最后两击的平均夯沉量不大于50 mm。

表4-2　　　　　　　　土石方填筑设计参数一

压实方式	松铺厚度	单击夯机能	夯点布置形式	单点击数
点夯	4.0 m	3 000 kN·m	4 m×4 m 正方形	见表4-3
满夯	—	1 000 kN·m	d/4搭接	3~5

（续表）

压实方式	松铺厚度	压路机要求	碾压遍数
冲击碾压	0.8 m	25～32 J 三边形冲击压路机	见表 4-3
振动碾压	0.5 m	自重 15～18 t 光轮或凸块压路机	见表 4-3

注:1. d 为夯锤直径,锤底静压力为 25～40 kPa;
　　2. 最后一层强夯填筑层点夯后应满夯;
　　3. 冲击压路机碾压行走速度应为 10～12 km/h。

表 4-3　　　　　　　　　　土石方填筑设计参数二

填料类别	压实工艺	压实指标/夯(压)实遍数					
		(固体体积率)					
		≥83%	≥81%	≥80%	≥78%	≥76%	≥75%
中风化白云岩、灰岩	强夯点夯击数	≥16	≥14	≥12	≥10	≥8	≥8
强风化白云岩	强夯点夯击数	≥16	≥12	≥10	≥10	≥8	≥8
	冲击碾压遍数	≥25	≥25	≥20	≥20	≥15	≥15
	振动碾压遍数	≥10	≥10	≥10	≥8	≥8	≥8
红黏土、植物土	—	(压实度)					
		≥93%		≥90%		≥88%	
	振动碾压遍数	≥10		≥8		≥8	

注:填料为灰岩时,如采用碾压工艺,应根据参考表中的参数进行填筑试验和检测,试验结果经设计单位及相关单位认可后方可大面积施工。

　　强夯处理时,采用堆填法分层填筑,每一强夯层填料可按 3 层堆填,每层 1.3 m 左右,填料最大粒径不得大于 0.8 m。上下相邻强夯填筑层的夯点应交错布置。最上部一层距设计标高松铺厚度小于 4 m 且不小于 2 m 时,强夯设计参数见表 4-2;松铺厚度小于 2 m 时,仅进行满夯,填料最大粒径应不大于 0.6 m。

　　碾压工艺压实的填料,最大粒径不得大于压实层厚的 2/3。采用碾压工艺压实的填筑层厚度每达到 4 m 时,压实后在顶面满夯处理一遍。填筑工作面长度小于 200 m 时,不应采用冲击碾压,可采用振动碾压工艺或强夯工艺。填土料时必须严格控制含水量,填料的含水量应达到或接近最佳含水量(±2%)。当高于最佳含水量时,应进行晾晒;低于最佳含水量时,应洒水。飞行区道面影响区道基顶面以下 0.6 m 厚垫层应采用碾压工艺压实。

　　因不同施工区域填料和填筑要求存在差异,强夯施工参数宜根据试夯结果调整确定。满夯后采用振动压路机碾压找平。在大面积振动碾压(或冲击碾压)施工前,应根据所选用的压实方法、压实机械类型、压实功能和压实度要求,进行现场振动碾压(或冲击碾压)试验性施工,以确定分层铺填厚度、振动碾压(或冲击碾压)遍数和含水量适控范围。为保证边坡土体的压实度,可超填压实后修坡,以保证填筑成品符合设计要求。

　　3. 填挖交界处处理

　　填方区和周边原地面(不含填方边坡坡脚处)、填方区和挖方区的交界处称为填挖交界处,是高填方机场的薄弱环节。为保证不停航施工条件下填挖交界处能均匀过渡,应进行特殊处理。

1) 填挖交界处坡度和搭接应符合的要求

(1) 飞行区道面影响区填挖交界处，褥垫层（道基顶面以下 0.6 m 厚层）底面以下 8 m 向下原地面坡度大于 1∶1 时，应超挖成 1∶1；褥垫层底面以下 3～8 m 原地面坡度大于 1∶2 时，应超挖成 1∶2；褥垫层底面以下 0～3 m 原地面坡度大于 1∶8 时，应超挖成 1∶8。航站区填挖交界处，地势设计标高以下 8 m 向下原地面坡度大于 1∶1 时，应超挖成 1∶1；地势设计标高以下 3～8 m 原地面坡度大于 1∶2 时，应超挖成 1∶2；地势设计标高以下 0～3 m 原地面坡度大于 1∶8 时，应超挖成 1∶8。

(2) 飞行区土面区、工作区建筑区填挖交界处，地势设计标高下 3 m 以下按原地面坡度开挖台阶；地势设计标高至其下 3 m 原地面坡度大于 1∶2 时，应超挖成 1∶2。

(3) 开挖时均应形成台阶，台阶顶面向挖方侧倾斜，台阶高度为 50 cm。遇基岩开挖台阶困难时，应将基岩凿毛。

(4) 工作区道路区填方路基（包括半填半挖路基）填筑时，坡面应按照《公路路基设计规范》(JTG D30—2015)要求开挖台阶。

(5) 填方边坡稳定影响区填挖交界处的搭接除符合本书规定外，尚应符合图纸要求。

2) 填挖交界处夯实或压实应符合的要求

(1) 飞行区道面影响区、航站区、填方边坡稳定影响区、工作区道路区和工作区建筑区的填挖交界处应采用强夯处理。

(2) 交接处每强夯层厚度应与土石方填筑层相同，并应不大于 4 m（松铺厚度）。强夯处理参数与土石方填筑强夯相同。

(3) 强夯前的地面处理应结合台阶开挖一次处理。

(4) 在填挖搭接与地基处理重复的范围内，按地基处理要求实施。

3) 填筑交接面应符合的要求

(1) 各工作面之间应注意协调，两个相邻工作面高差应不大于一个强夯或碾压层厚度且不大于 4 m。工作面高差为一个碾压层厚时，按碾压要求处理；大于一个碾压层厚但不大于 4 m 时，采用强夯处理。

(2) 相邻工作面水平搭接范围及搭接处理工艺一般应符合以下要求：两侧均采用强夯工艺施工时，不小于 20 m，强夯处理；两侧均采用碾压工艺施工时，不小于 5 m，碾压处理；一侧强夯、另一侧碾压且高差大于一个碾压层厚度但不大于一个强夯层厚度时，强夯处理。搭接面的强夯范围应超过搭接面两侧且各不小于一个锤径。

(3) 填筑和强夯的设计参数应与土石方填筑要求相同。

4) 与现状工程交界面处理应符合的要求

(1) 飞行区道面影响区，褥垫层（道基顶面以下 0.6 m 厚层）底面以下 3 m 向下按现状地面坡度开挖台阶，褥垫层底面以下 3 m 内，按 1∶8 开挖台阶。航站区地势设计标高以下 3 m 按现状地面坡度开挖台阶，地势设计标高以下 3 m 内，原地面坡度大于 1∶8 时，应超挖成 1∶8。飞行区土面区、工作区建筑区，地势设计标高下 3 m 以下按原地面坡度开挖台阶，地势设计标高以下 3 m 内，原地面坡度大于 1∶2 时，应超挖成 1∶2。

(2) 开挖时均应形成台阶，台阶顶面向挖方侧倾斜，台阶高度为 1 m。

（3）填筑后强夯处理，每强夯层厚度应与土石方填筑层相同，并应不大于 4 m（松铺厚度）。强夯处理参数与土石方填筑强夯相同。

此外，土方回填时应严格控制填料含水率，土体偏湿时应铺摊晾晒，偏干时应洒水闷土，确保填筑时含水率接近最优含水率，上下偏差不得大于 2%。道槽土基分层回填碾压用土选用场区内挖方土料，其中易溶盐的含量不大于 0.3%，不得含有树根、草根。每层填土虚铺厚度不大于 30 cm，根据运输车辆的装运量在作业面上放点确定卸土点，以保证土方平整后厚度合格。回填土的最优含水率和最大干密度经现场重型击实试验确定。施工铺料的含水量应比最优含水率大 1%～2%。含水量不足时，按计算加水量用水车洒水增湿，保证碾压前达到或接近最优含水量。

同时，土方碾压主要使用大功率压路机作业，道槽区使用自重 20 t 振动压路机搭接 1/2 轮碾压 8～10 遍。振动压路机碾压后用自重 15 t 光轮压路机再碾压 2 遍后进行密实度检测。分段填土施工的上下接缝距离不得小于 1 m，与地基处理区的接头处以处理地基后碾压的顺序进行，与旧道面接合部按施工图修筑 1 m×0.5 m 的台阶。施工中按照要求严格控制每一层填筑体的密实度。每填筑一层，按 20 m×20 m 方格网布点进行密实度检测，做好检验记录，并经监理人员验收合格后，方能进行下一道工序的施工。如有不合格点位，重新进行碾压至合格后方能进行下一层土方回填。碾压时应按规范要求，遵循从低到高、从边到中、适当重叠、先轻后重、速度适当的原则。碾压遍数按试验段取得数据控制，一般为 8～10 遍。碾压时，安排专人跟随压路机对高低不平处及时进行找平处理。

4.1.2　挖方不停航施工技术方案

1. 施工要求

挖方不停航施工应满足以下要求。

（1）清除地基用地范围内的垃圾、有机物残渣及取土坑原地面表层腐殖土、草皮、农作物的根系和表土，并运至指定地点。清除工作完成后，除施工单位自检外，尚应由监理单位并请勘察等有关单位在现场进行鉴别和认定，必要时辅助以试验检测。

（2）研究设计图纸和有关设计文件，进行现场核对后，针对不同地质制订相应的作业方案。施工前按设计图纸给定的中桩坐标以及占地线坐标，用水准仪测量中线、坡脚的原地面标高，记录后绘制横断面图，与原设计比较无误后，申请地基清表施工。

（3）以地基处理要求确定挖填深度和施工作业方法，挖方作业力求做到一次开挖到位，减少分层作业。为尽早提供道面施工作业面，应以以下顺序进行施工：挖草皮土→换填开挖→挖方挖运→石方挖运。

（4）对于地下管线埋设明确的施工区域，严格根据拟定的施工方案进行施工。对于地下管线埋设不明确的施工区域，与业主、监理单位共同探明作业区地下埋设物的基本情况，经业主、监理单位确定后再进行机械挖土作业。

（5）开挖土方地段有含水层时，应采取排水措施后方可进行开挖。

（6）土方工程挖方部分采用挖掘机配合推土机共同施工，配备足够的自卸卡车，运至场内需要填方的位置及时回填或运至指定弃土点，并根据现场情况留出回填用土。挖土作业时，测量工程师要跟班作业，严格控制挖土深度，避免超挖。挖方道槽面以下土质不良时，应按图纸所示或监理工程师指示的深度和范围采取挖除后换填好土或改善土质等措施。

2. 土方挖运施工

土方挖运施工应满足以下要求。

(1) 挖方作业的原则:自上而下,分层开挖。高点用挖掘机挖平,或用推土机平整推运集堆。

(2) 分层开挖土方的施工顺序:测量确定作业面挖土标高和开挖方案→场地清理挖除耕植土→场地平整→挖掘机挖装顶层土方→(自卸车运土至指定地点)→挖装次层土方(循环至底层)→复测重新确定作业面标高→挖装底层土方→开挖面测量放样桩→清理平整开挖面→开挖表面碾压→开挖面检查验收或进入下道工序。

(3) 挖方区施工前应先修建开挖施工运输道路,沿道槽周边修建临时道路运输土方。应严格控制运输道路的坡度不大于8%。根据地势修建的土方运输道路宽度要保证行车有效路面宽不小于8 m,碾压平整后铺设30 cm砂砾石或碎石。对于场内区域的道路,根据施工进度及填方高度修筑道路;料源区道路争取一次成型,尽量减少多次重复填筑运输道路。修筑运输道路具体工程量根据现场收方确定。

3. 地下管线保护

施工中要严格按照以下方法保护地下管线。

(1) 工程施工前,首先进行管线探查。对具体部位不详的管线,应聘请专业管线探查部门进行专业探查检测,必要时进行现场探坑检查。

(2) 对相关部门已经交底的施工区域内管线进行人工挖探坑确认,并在探坑点插上标志杆,沿管线走向撒出白灰线以标明地下管线。让现场每一个施工人员都清楚现有地下管线的走向和位置。

(3) 为防止大型机械设备开挖时破坏地下管线,在管线部位先用人工开槽。待全部管线挖出并采取必要的保护措施后再用机械开挖周边的土方。

(4) 管线挖出后应立即联系管线管理部门到现场确认,并同相关部门在施工现场共同确定保护方法。对悬空的管线应现场制作支架进行保护,对暴露在地面之上或埋地较浅的管线要在表面覆盖保护。如必须从管线上通过车辆,就必须采取在路面上铺钢板等措施保护管线,并在管线部位插上注意保护的明显标志牌。

4.1.3 不停航爆破施工技术方案

由于机场属于航空站,专供飞机起降活动,应特别重视土石方爆破精度、爆破安全和爆破质量等。尤其在机场不停航的前提条件下,机场施工建设需要实现"无飞石、少震动、保安全、不停航"的技术指标,这无疑就加大了爆破施工的危险性,提升了相应的技术难度。民航机场扩建工程不停航施工石方爆破的难点在于,要在保障机场正常运营的前提下,保证爆破工程的正常作业和安全性,以及实现对机场爆破区周边既有基础设施、管道线路规划和通信设施的影响最小化。因此,合理的爆破方案、专业的爆破队伍、严格的过程控制以及科学的组织管理是保证爆破质量和安全的关键。本工程爆破施工采取以孔内延时为主、孔内延期和孔外延期相结合的深孔微差爆破方法,按预定的起爆顺序使炮孔逐排起爆。起爆网络采用非电复式导爆系统,环形闭合网络。拟采用控制爆破的方法应确保爆破临空面背离飞行区方向,以保证飞行区的安全。

1. 爆破技术要求

爆破技术应满足以下要求。

(1) 根据工程要求,爆破后用于回填的石碴粒径不得大于 100 cm;同时考虑挖运效率,爆破后石碴粒径按 50 cm 进行控制。

(2) 加强对最终开挖面的控制,确保超挖不超过 20 cm。

(3) 开挖施工前做好施工区域内的临时排水系统和总体规划,临时性排水设施应尽量与永久性设施相结合。

(4) 工程施工及验收应符合《土方与爆破工程施工及验收规范》(GB 50201—2012)等国家现行有关标准的规定。

2. 爆破施工范围及方法选用

根据爆破施工距现有跑道距离、爆破效果和对爆破飞石控制的要求,采用不同的爆破施工方法。

(1) 距离现有跑道 380 m 以外,采用深孔挤压爆破,爆破飞石距离控制在 100 m 内。

(2) 距离现有跑道 190～380 m,采用深孔松动控制爆破,爆破飞石距离控制在 50 m 内。

(3) 距离现有跑道 120～190 m,采用深孔松动控制爆破,爆破飞石距离控制在 10 m。

(4) 本工程内的排水工程,采用预裂爆破。

(5) 地基处理工程中褥垫层换填超挖石方中,对于与现有跑道相接部分的爆破施工,与现有跑道相接 20 m 范围内采用液压冲击破碎机机械破碎,其余部分采用微差浅孔爆破,保证无爆破飞石。

(6) 修筑上山的施工道路和施工便道以浅孔爆破为主。

(7) 条石、块石开采,采用浅孔切割爆破。

(8) 距离 8 m 以下的爆破施工区,采用普通浅孔爆破。

(9) 台阶形成以后,对主爆区以深孔松动爆破为主,对边坡采用预裂爆破,并逐渐形成多个台阶面,以便于同时作业。

3. 爆破振动设计

爆破振动的控制是确定爆破参数和施工方案的前提,所有参数和方案的选择,必须满足爆破振动控制的要求。本工程通过试验得到单孔爆破的波形,利用蒙特卡罗方法模拟雷管的延期时间,并根据波形的叠加原理得到保护目标处的波形,预报供设计参考。单段最大安全装药量计算方法如下:

$$R = (K/V)^{\frac{1}{\alpha}} Q^{\frac{1}{3}} \tag{4-1}$$

式中　R——爆破中心距被保护区域距离(m);

　　　V——爆破地震安全速度,取 2.0 cm/s;

　　　K,α——与爆破点至计算保护对象的地形、地质条件有关的系数和衰减系数,根据该地区的地质情况,取 $K=200$,$\alpha=1.6$;

　　　Q——单段安全用药量(kg)。

本工程在选取安全速度为 2.0 cm/s 的条件下,根据式(4-1)计算出不同质点振动速度对应安全距离的最大单段药量允许值,结果如图 4-1 所示。

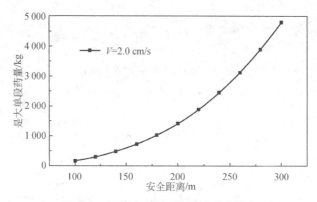

图 4-1　不同安全距离下最大单段药量

鉴于上述结果,爆破设计和施工时,一定要根据被保护对象的距离安排单段最大装药量、爆破抛掷方向。施工时,还要根据爆破试验的结果及时合理地调整单段药量。为减小爆破振动,在需要预裂爆破的边坡,应先起爆预裂孔,使预裂缝充分形成后,再起爆主爆孔。每次的爆破设计均应对每一保护对象所允许的最大单段装药量进行计算,取其中的最小值,确保每个保护对象可能出现的振动被控制在规定的阈值范围以内。

4. 爆破飞石控制

台阶爆破飞石飞散距离根据经验公式估算如下:

$$R_F = \frac{40d}{2.54} \tag{4-2}$$

式中　R_F——飞石飞散距离(m);

　　　d——炮孔直径(cm)。

本项目炮孔最大直径采用 140 mm,飞石飞散距离为 220 m。但考虑有浅孔爆破,为确保安全,警戒范围定为 300 m。为有效控制飞石飞散距离,根据爆破条件的变化,合理确定炸药单耗和爆破参数,采用岩屑堵塞孔口并捣实,保证炮孔的堵塞长度和质量。

5. 爆破参数设计

本工程钻孔采用多排孔布置形式,正常台阶爆破采用垂直孔,预裂孔倾角与边坡的倾角相同。炮孔结构如图 4-2 所示。

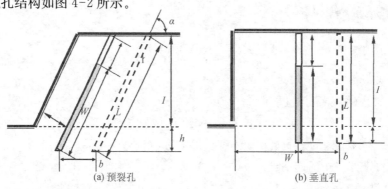

(a) 预裂孔　　　　　　　　　　(b) 垂直孔

图 4-2　炮孔结构

爆破参数包括台阶高度、孔径、孔深、底盘抵抗线、孔距、排距、超深、堵塞长度、装药单耗和单孔装药量等。深孔爆破参数如表 4-4 所示,预裂爆破参数如表 4-5 所示。

表 4-4　　　　　　　　　　　　　深孔爆破参数

参数名称	符号	单位	取值
台阶高度	H	m	10
孔径	D	mm	115～140
孔深	L	m	11.0
底盘抵抗线	W_1	m	4.0～5.0
孔距	a	m	4.5～6.0
排距	b	m	3.2～4.2
超深	h	m	1.0
堵塞长度	L_c	m	4.0～5.0
装药单耗	q	kg/m³	0.38
单孔装药量	Q	kg	55～96

表 4-5　　　　　　　　　　　　　预裂爆破参数

参数名称	符号	单位	取值
孔径	d	mm	89
孔距	a	m	1.0
药卷直径	d_1	mm	32
不耦合系数	—	—	2.78
线装药量	$Q_线$	kg/m	0.28
加强段药量	—	kg/m	0.56
减弱段药量	—	kg/m	0.14
堵塞长度	L_c	m	1.5
与减震孔间距	—	m	1.5
预裂孔超深	h	m	0.6

6. 爆破安全防护措施

土石方爆破作业流程如图 4-3 所示。爆破施工时应采取以下爆破安全防护措施。

(1) 设立警戒区。以爆区为中心设立警戒区,在此区域内不得有非工作人员,工作人员因工作需要不能撤离或无法撤离时,要修建坚固可靠、能抵御飞石冲击的避炮棚。

(2) 双层防护排架搭设。施工作业时在临近飞行区一侧,选择适当位置钻孔埋设 $\phi 32$ 地锚,锚杆长度为 1.5 m,埋设深度为 1 m,间距为 2 m。排架立管套住地锚杆,纵向管距

1 m,前后排管距40 cm,排架横管间距2.0 m,内侧挂竹排,外侧挂钢丝网,同时设剪刀撑、水平支撑杆。水平支撑杆设锚杆与边坡锚固,锚杆长1.3 m,埋设深为1 m,间排距为4 m×4 m,拉筋为ϕ12钢丝绳。

(3)爆区覆盖措施。对距离现有跑道50 m内以及地基处理工程,在褥垫层换填超挖石方的微差浅孔爆破中,爆区应全部覆盖,防止飞石的飞散。用铁丝网作为覆盖材料,铁丝网强度高、重量大、韧性好,能相互连接成厚大的整体,并能被牢牢固定。采用袋装土或袋装砂压实铁丝网。

(4)炮位覆盖措施。购置废旧车胎编制柔性炮被覆盖于炮位上。这种覆盖材料有较高的强度、弹性和韧性,不易折断,并有一定的重量,不易被爆炸气浪抛起,而且这种材料可反复使用、易修补、经济实惠。胶皮炮被厚度不小于1 cm,编织严实,四面用钢丝扎紧加固。

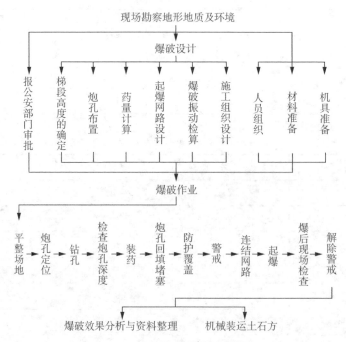

图4-3 土石方爆破作业流程图

4.1.4 土石方调配

为保证土石方工程施工顺利实施,有效控制投资,土方调配根据业主指定料源区遵循如下原则。

(1)不同土质的土分别开挖、运输、堆放,以便回填利用。

(2)本着"减少干扰、就近平衡"的原则,利用置换方法就近平衡土石方。

(3)土方调配时,做到土石方数量、运距的基本平衡,避免大土方长距离运输。

(4)争取做到土方调配一次到位,减少土方堆存二次转运,同时充分考虑对施工进度的影响等因素。

4.1.5　土石方工程不停航施工方案

以贵阳机场扩建工程 A4、A5、C4、C5 滑行道区域施工组织为例,对于该区域土石方施工采取如下不停航施工措施。

(1) 在现有飞行区围界边展开清除草皮土的施工,为了保证施工安全,采用一机一人,一台机械配一个现场安全员监督施工。在距离飞行区围界 3 m 内的区域不进行机械施工,且草皮、植被、树根、杂草等杂物随时清除并转运到安全处打堆堆放。清除完草皮土的区域采用碾压的方式,以确保做到不起灰、不扬尘,天气晴朗时洒水降尘,保证机场飞行安全。

(2) 由于两个区域原地面低,土方填筑过程中需要与现有工程开台阶交接工艺要求;为满足飞行区净空安全要求可采用冲击碾压分层填筑。

(3) 南北两端分别与相邻区域搭接的位置都是挖方区,需要爆破,距离围界 10 m 范围内采用机械免爆施工,10 m 以外区域采用密集打炮眼,少放炸药定点定向爆破,确保施工安全。

4.2　地基处理工程

4.2.1　施工组织计划

在机场不停航施工的前提条件下,以及面临施工区域巨大、工程建设周期冗长、运行与施工冲突明显等不停航施工难点的现实情况下,为尽可能缩短工期,减少机场运行与施工的冲突,本节以贵阳龙洞堡国际机场三期扩建工程下穿通道及相邻工程实践为例,详述其施工组织计划。

如图 4-4 所示,该区域工程将整体施工区域按照不同处置工艺划分为多块局部区域,便于多区域分项工作同步施工,以减少施工机械转场和拆除的次数,在有限时间内实现多区域的施工机械最大化利用,最大限度地提升了施工效率。图 4-5 为地基处理施工组织横道线图,本工程起讫时间为 2017 年 6 月 1 日—8 月 3 日。2017 年 6 月 1 日—7 月 1 日,对红黏土区进行黏土挖除及换填区域回填处理,对杂填土和素填土区域采取挖除处理。随后在 2017 年 7 月 2 日—8 月 3 日对杂填土和素填土处理区域进行 12 228 m² 的地基处理。同时,2017 年 6 月 1 日—22 日对隐伏溶洞以及红黏土强夯区进行处理,随后对杂填土和素填土处理区域进行共计 9 392 m² 的地基处理。以上施工组织计划对杂填土和素填土处理区采用分区域同步施工处理,增加了工程作业面,最大限度地保留了施工机械在场的停留时间,避免了施工机械和辅助设施的拆卸和转场,提升了工作效率,节省了工期。

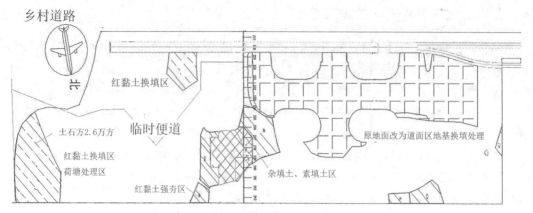

图 4-4　地基处理平面区域划分示意图

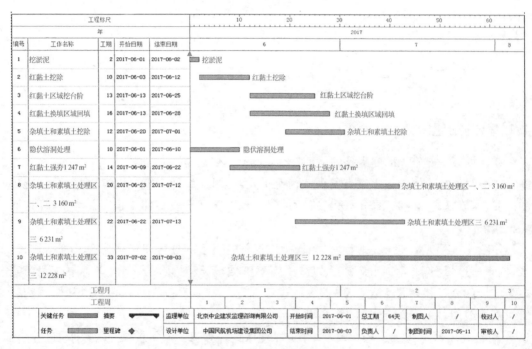

图 4-5　施工组织横道线图

4.2.2　强夯不停航施工技术方案

1. 施工步骤

强夯不停航施工步骤如下。

（1）对移交场地进行整平。

（2）布置第一遍夯点,用装土的红色塑料袋标出每一个夯点位置,且偏差不大于 5 cm。

（3）夯机就位,按设计要求的夯击能定出高度,夯锤对准夯点中心进行夯击,形成夯坑,直至满足设计所规定的施工参数。派专人对每个夯点进行沉降量观测,观测仪器用 S3 级水准仪。

（4）施工过程中,定期地对夯锤吊高、击数及夯点偏差进行质量控制,并做好检查记录。

（5）回填夯坑,整平碾压。

（6）最上层整平后满夯补强。

2. 施工要点

强夯不停航施工要点如下。

（1）用推土机推平场地,使场地满足施工条件。

（2）控制基准点和夯点测设,使用全站仪测定区域内的边界控制基准点并布设点夯的夯点位置,夯点中心放置白灰以标明位置。

（3）施工机械:使用50 t履带式起重机,夯锤采用直径2.4～2.5 m的异形锤,拉索牵引三轴式半自动脱钩器。

（4）落距的确定:按设计要求,设定单点夯击落距,脱钩器与起重机的吊钩和拉索连接好后,在脱钩器吊钩上系测绳,提升脱钩器至一定高度,脱钩器吊钩与地面的高度为落距与夯锤高度之和。

（5）施工机械的平面移动方向:可沿场地长边方向或短边方向开始,退行施工,起重机臂杆左右摆动范围内可覆盖4排夯点。因此,可同时推进,如图4-6所示。

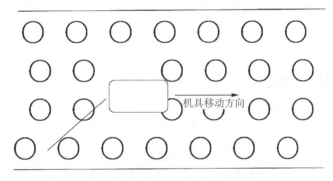

图 4-6　强夯施工平面图示意图

（6）点夯施工测量:需测量每个夯点的起夯面高程、每一击夯沉量以及每遍最终夯沉量。测量应使用经校正好的水准仪,同一夯点每击夯沉量的测量仪器应架设在相同位置高程。

（7）点夯记录:应按统一标准记录,包含击数、夯沉量(与击数对应)、能级、夯锤重、落距、施工时间等。

（8）强夯收敛采用双标准控制:夯击遍数及单点击数不小于设计要求;点夯单击夯击能为3 000 kN·m时,最后两击平均夯沉量不大于50 mm;满夯最后两击平均夯沉量不大于50 mm。

强夯施工前应先进行试夯,并根据试夯结果优化设计参数。若发现强夯夯坑周围出现隆起或"弹簧土"等现象,需及时通报设计单位处理。点夯完成后,用推土机将场地推平,再进行满夯。强夯施工流程如图4-7所示。

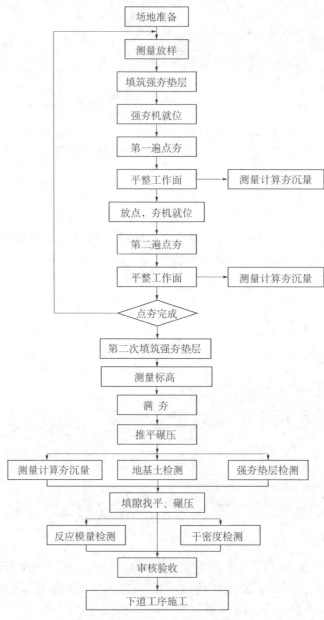

图 4-7　强夯施工流程图

注:下道工序施工必须经过监理确认后才能进行。

4.2.3　换填不停航施工技术方案

施工工序:①首先进行原土面区草皮土清除,草皮土挖运到指定区域堆放,堆放高度不大于 2 m,方便以后土面区覆土。②按设计要求进行土石方换填,开挖土石料经 2 号施工道口即时运出飞行区。③进行土石方回填,采取分层碾压施工。

施工措施:①由于该区域属于跑道升降带平整区,机具高度不能超过 2 m,如果超高,采用夜间跑道关闭后施工。②该区域施工采取分区域施工,边开挖边回填,现场用洒水车洒水降尘,以实现不停航条件下的换填处理。

4.2.4　复合地基处理不停航施工技术方案

1. 复合地基处理施工流程

测量、放线并平整场地→碎石桩机就位→振动沉管→灌碎石、沉管挤密碎石成桩→CFG 桩位放线→长螺旋钻孔灌注成桩→清土、挖除碎石桩顶面松散层→铺设垫层。

2. 复合地基处理施工要点

复合地基处理施工要点包括以下方面。

1) 机具选用及就位

根据工程内容和现场情况选用机械包括:振冲器(ECQ-75)、35 t 履带吊及其他配套机具。振冲法施工除振冲器外,尚需行走式起吊装置、泵送给水系统、电气控制台等配套设备。

上述工作就绪后,机具就位。同时安装电流控制箱及操作台接通高压水泵和压力管。检查机具、水压、电压是否符合施工要求,再进行空载试验,开机前应先起动水泵电机,然后开振冲器电机,当振冲器电机运行指示灯亮后,方可进行工作。

2) 对桩位

首先将振冲器对准桩位,要求振冲器垂直落下,且不可出现倾斜现象,否则会偏位和损坏方向节。对好桩位后再次开动水源,检查电源是否正常。

3) 施工方法

(1) 正式施工时,要严格按照设计要求的桩长、桩径、桩间距、碎石灌入量以及试验确定的桩管提升高度和速度、挤压次数和悬振时间、电机的工作电流等施工参数进行施工,以确保挤密均匀和桩身的连续性。

(2) 应保证起重设备平稳,导向架与地面垂直,且垂直度偏差不应大于 1.5%,成孔中心与设计桩位偏差不应大于 50 mm,桩径偏差控制在 20 mm 以内,桩长偏差不大于 100 mm。

(3) 砂石灌入量不应少于设计值的 95%,如不能顺利下对时,可适当往管内加水。

(4) 造孔。开动高压水泵冲水,启动自动控制系统,待振冲器运转正常后,使振冲器徐徐贯入土中,振冲器下降速率控制在 0.5~2.0 m/min。

(5) 清孔。造孔结束后,将振冲器提出孔口,再以较快速度从原孔贯入,使桩孔畅通,为了便于填料加密,可将振冲器提升 2~3 次。

(6) 填料加密。向孔内倾倒部分石料压底,然后用振冲器反插至设计标高后上提 30~50 cm,待达到加密电流和留振时间后,可依次向上分段加密,加密段长度应符合设计要求,控制在 30~50 cm。

(7) 重复上一步骤,自下而上加密,直至孔口。

(8) 关闭振冲器,关闭水泵,单根制桩结束。

3. CFG 桩技术要求

CFG 桩技术要求如下。

(1) 施工前,在试验室进行配合比试验;施工时,按配合比配制混合料。坍落度应符合设计要求。

（2）桩定位偏差不超过 5 cm，沉管垂直度偏差不超过 1‰；施工桩顶标高高出设计桩顶标高 0.5 m。

（3）成桩过程中，应抽样做混合料试块，每台机械每台班不少于 1 组。

（4）低温施工时，混合料入孔温度不得低于 5℃，对桩头和桩间土应采取保温措施。

（5）清土和截桩（进行载荷试验的桩）时，应采用小型机械或人工剔除等措施，不得造成桩顶标高以下桩身断裂或桩间土扰动。

4. 碎石桩技术要求

碎石桩技术要求如下。

（1）碎石粒径不大于 5 cm，含泥量不大于 4%。

（2）桩定位偏差不超过 5 cm，沉管垂直度偏差不超过 1‰。

（3）应严格控制沉管提升的速度。

（4）碎石的灌入量应有详细的记录。

（5）严格按施工操作规程进行施工。

（6）估算石桩孔内的填料量时，可按设计桩孔体积乘以充盈系数确定，充盈系数可按 1.34 计算。如施工中地面有下沉或隆起现象，则填料数量应根据现场情况予以调整。

第5章 道面工程不停航施工

5.1 道面工程

5.1.1 施工准备

1. 大临平面布置及水电布置

根据现场实际情况及施工进度要求进行相应的施工平面布置,结合建设单位对工程施工工期的要求,必须对施工场地进行合理布置。

1)具体原则

施工场地布置应满足如下原则。

(1)划分施工区域和材料堆放场地,不影响施工的范围,根据本工程施工的实际情况,合理规划施工道路。

(2)符合施工流程要求,减少对专业工种和工程各方面的干扰。

(3)各种生产设施布置应便于施工生产安排,且满足安全防火、劳动保护的要求,临设布置尽量不占用施工场地。

(4)服从建设单位对施工临设布置的要求,对施工区域内临设、库棚、堆场做相应调整或移位。

(5)根据施工场地的实际情况,临设搭设时尽量以便于施工且对周边环境影响最小的区域为宜。

(6)施工现场临时设施的搭建不得损坏测量控制网的测量标志,不得影响测量标志的通视条件。

(7)本工程施工时需建设有效的排水系统,并进行日常维护,防止对周边路面造成污染,做到工地临时排水畅通,实现"平时积水无,雨后退水快"的效果。

(8)严禁将爆破器材存放在其他任何区域。杜绝工作场所、仓库、生活场所"三合一"的设施。

2)临时生产设施布置

临时生产设施主要包括水泥稳定碎石、水泥混凝土搅拌站、模板、钢筋加工场地和工地试验室等。临时生活设施布置在附近业主指定的位置。

水泥混凝土搅拌站、基层搅拌站以及钢筋模板加工厂拟定面积 37 000 m²(包括仓库)。其中,基层搅拌站拟定面积 13 167 m²,混凝土搅拌站拟定面积 10 500 m²,钢筋加工场地拟定面积 2 065 m²,模板维修场地拟定面积 2 065 m²,维修场地拟定面积

1 770 m^2，养生房、试验室、仓库设置在生产大临设施内。项目部编制搅拌站建站选址方案如图 5-1 所示。

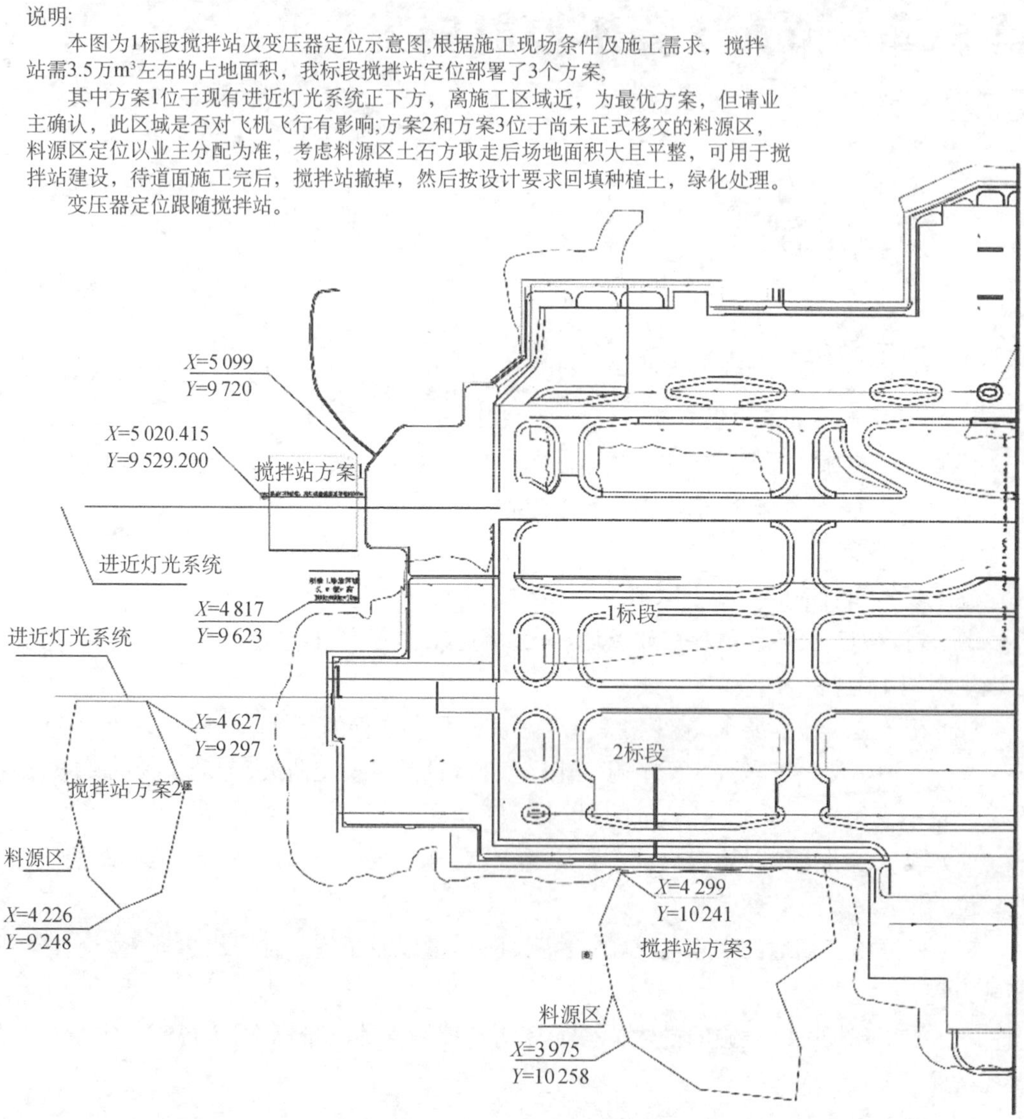
说明:
本图为1标段搅拌站及变压器定位示意图,根据施工现场条件及施工需求，搅拌站需3.5万m³左右的占地面积，我标段搅拌站定位部署了3个方案,
其中方案1位于现有进近灯光系统正下方，离施工区域近，为最优方案，但请业主确认，此区域是否对飞机飞行有影响;方案2和方案3位于尚未正式移交的料源区，料源区定位以业主分配为准，考虑料源区土石方取走后场地面积大且平整，可用于搅拌站建设，待道面施工完后，搅拌站撤掉，然后按设计要求回填种植土，绿化处理。
变压器定位跟随搅拌站。
X=5 099
Y=9 720
X=5 020.415
Y=9 529.200
搅拌站方案1
进近灯光系统
X=4 817
Y=9 623
1标段
进近灯光系统
X=4 627
Y=9 297
2标段
搅拌站方案2
料源区
X=4 226
Y=9 248
X=4 299
Y=10 241
搅拌站方案3
料源区
X=3 975
Y=10 258

图 5-1　搅拌站建站选址

运输设备停放在搅拌站内，其他施工设备（挖土机、排式振捣器等）停放在施工区附近。

2. 工程测量

根据作业规范，结合实际工作经验及限差要求，确定精度技术指标。

1) 精度要求

(1) 施工控制网点测量精度要求。

施工控制网点测量应符合国家标准《工程测量规范》(GB 50026—2007)中一级导线测量的规定，其测量精度要求见表 5-1。

表 5-1　　　　　　　　　　　　　　平面控制精度要求表

项目	限差及要求
导线长度	2.4 km
平均边长	0.25 km
测角中误差	8″
测距中误差	15 mm
测距相对中误差	≤1/14 000
方位角闭合差限差	±16″$\sqrt{n}$
相对闭合差	≤1/10 000

（2）施工放线定位测量精度要求。

施工放线定位测量应符合国家标准《工程测量规范》（GB 50026—2007）中二级导线测量的规定，其测量精度要求见表 5-2。

表 5-2　　　　　　　　　　　施工放线定位测量精度要求表

项目	限差及要求
导线长度	≤1.2 km
平均边长	0.10 km
测角中误差	12″
测距中误差	15 mm
测距相对中误差	≤1/7 000
方位角闭合差限差	±24″$\sqrt{n}$
相对闭合差	≤1/5 000

（3）高程测量精度要求。

施工控制网点的高程应符合国家标准《工程测量规范》（GB 50026—2007）中二等水准的规定，其精度要求见表 5-3。

表 5-3　　　　　　　　　　　高程控制点（网）精度要求表

项目	限差及要求
每公里工程中误差	2 mm
闭合差	±4$\sqrt{L}$（L 为公里数）

（4）高程定位精度要求。

高程定位应符合国家标准《工程测量规范》（GB 50026—2007）中三等水准的规定，其精度要求见表 5-4。

表 5-4 　　　　　　　　　　　　高程定位精度要求表

项目	限差及要求
每公里工程中误差	6 mm
闭合差	$\pm 4\sqrt{L}$（L 为公里数）

2）测量成果交底

根据首级控制成果（三角点或方格网及场地水准点）及施工设计图，在测量控制网桩点现场交底后，及时进行控制点复测。该项工作将根据施工区域的具体情况，由业主组织进行，并将复测结果以书面形式向业主和监理单位报告。

把控制网坐标和平面工程设计坐标进行换算，形成统一坐标系统，在充分掌握首级控制网成果和施工设计基础上，编制测量工作质保计划，并进行测量控制网的测设。

3）施工控制网测设

（1）临时测量控制网布设。

临时测量控制网引用机场提供的首级测量控制网进行布设。布设前，必须对业主提供的平面、高程网点及其成果进行复测和验收，复测合格后方可用于施工测量的依据。

根据施工区域平面布置，为保证安全及方便施工，沿跑道道肩以及站坪外侧 20 m 处每隔 400 m 设置一个施工控制点，并与机场提供的首级控制点连成闭合导线；报业主、监理审批。

施工测量控制点标石均采用永久性的钢筋混凝土标石，标石的顶面尺寸不小于 15 cm×15 cm，底面尺寸不小于 25 cm×25 cm，埋设深度不小于 80 cm，埋设高度高出完工后场地标高 5～10 cm。

（2）控制网的检测维护。

在使用过程中，为确保测量精度，必须不断对控制网进行检测维护，保证控制网的正常使用。

（3）控制网的使用。

控制网使用前，必须进行检测。平面控制不可孤立使用某两点；高程控制不可孤立使用某一点，至少与相邻控制点联测无误后，方可使用。

4）施工放线定位和高程定位测量

（1）根据施工流水段的划分，依据施工控制网和设计图，进行放线和高程的定位测量。

（2）高程定位测量依据施工水准点和设计图的设计高程进行。采用 DS3 以上精度的水准仪进行，其中场道工程测量使用精度高性能好的进口水准仪进行。

（3）放线定位测量采用全站仪，个别特殊地段采用 DJ2 经纬仪和钢尺。

（4）所有放线定位和高程定位均及时整理成书面资料提交监理工程师验收，并保证达到《民航机场场道工程施工技术要求》验收标准，验收合格后进行下道工序的施工。

（5）所有用于测量的仪器在使用前均经过校验、标定，并在施工过程中定期检校，以保证测量仪器应有的测量精度。

（6）施工控制测量外业完成后，进行平差计算及其内业资料整理，申报监理工程师验收，验收审批后作为各项工程定位放样和高程测量的依据。在施工过程中定期进行施工测量控制网的复测,并及时将复测成果以书面形式向监理工程师报告和确认。

5.1.2 资源配置

参与本工程的都是长期从事类似工程施工建设的队伍,有着丰富的施工经验和较强的工作能力。此外,为满足工程各方面的需要,项目组制定了详细的培训计划和内容,以加强施工队伍的技术水平和操作技能。

本工程配备施工管理人员 30 人,施工人员在最高峰时达到 466 人。

1. 劳动力投入保证措施

通过以下措施保证劳动力投入。

(1) 施工前根据施工进度计划、施工阶段的划分、各个专业工种的需要、劳动定额,编制切实可行的劳动力需用计划,并根据工程实际进展情况,由项目经理部负责对各施工队劳动力进退场时间和数量提出指导性计划并及时调整,避免劳动力资源的浪费。

(2) 根据本工程分项工程的特殊要求,做好岗前岗位技术培训,提高劳动者的操作技能,加强安全、质量意识教育,组织学习国家有关规范、标准和规程,进行施工组织设计的总设计交底,使施工人员了解该工程的特点,熟练规范的要求,高质量地完成额定任务,确保计划用量,满足施工生产需要。

(3) 在本工程范围内根据施工进度的需要对各个施工队进行必要的调整,实行动态管理,使之合理流动,达到最佳劳动效率。

(4) 制定激励机制,充分调动广大职工的积极性、创造性。

(5) 做好职工的后勤保障工作,解决好职工的衣、食、住、行。确保职工无后顾之忧,安心工作。

2. 物资准备计划

1) 物资采购管理

(1) 物资采购需保证配套、准时、保质。

(2) 认真履行公司的工程物资管理办法,提前申报材料需用计划,并配合资源到位。

(3) 加强乙方自购物资质量管理,加强成本核算,努力降低工程成本。

(4) 根据工程施工进度与节点要求,合理组织资源,统筹安排材料去向。

(5) 重点做好主要物资(钢材、水泥、砂石等)复检工作,有关物资的原始记录和质保书应及时、完整交付施工作业单位,确保工程质量。

(6) 成立工程材料采购部,根据该工程物资管理原则,制定相应的物资管理制度。

(7) 坚持现场办公原则,实现施工现场材料物资跟踪。

(8) 材料物资的复检结果应经过业主、监理的确认。

2) 物资质量保证

(1) 负责组织质量、技术部门参加对物资供应方的调查、评价。

(2) 按时、按量、按要求地将施工所需物资组织到位。

(3) 入库的材料物资除按上述要求执行外,还须按《原材料检验取样》规定执行。

(4) 对所供材料实行跟踪服务管理,若发生质量差等问题,力求在较短时间范围内予以解决。

3. 主要工程物资进场计划

本工程将投入大量的材料,需在工程开工前,开始着手制订材料采购计划。各工序所需材料分批进场,提前 3~5 d 备料。

做好材料供应计划。根据施工进度计划编制物资需用量计划,了解市场,货比三家,并根据物资需用量计划编制物资的采购、运输计划。要防止生产厂家因故停产,造成供应不及时的情况。此外,本工程的钢筋、混凝土用量巨大,为确保此类材料的及时供应,可联系多家有实力的供应商。严格制定合约条款,对供应时间做出明确的规定,并严格执行。

5.1.3 区域划分因素

1. 施工时间安排

不停航施工需根据工期和实施进度制订施工计划,在满足功能使用的前提下按区域分期进行施工。如果施工时间较为紧张,需分阶段进行施工时,宜分期划分施工区域。由于不停航施工具有工期紧、施工时间严格等特点,道面工程区域的施工可以根据施工标段的重要性分期进行,如果时间紧急,可以将工程切分为多个标段,由多个施工单位同时进场作业,这样做虽然对建设单位管理能力的要求较高,同时造成投资的相对增加,但可以缩短工期。

2. 保证飞行区正常运行

为满足不停航施工的要求,合理的区域以及施工安排可以增加施工有效时间并规避施工风险。由于不停航施工区域无法进行有效封闭,并且施工区域距离飞机跑道入口较近,不停航分区施工过程需要防止跑道入侵。同时,飞行区跑道在建设过程中,地下存有较大数量的管线,在施工准备工作时期,应对机场跑道地下管线进行详细了解,在施工过程中进行沟渠开挖时避免破坏地下管线。

除了以上两方面要素,在不同的项目中还会受其他因素的影响,如建设单位的项目管理能力、地方的政治环境和经济环境等。只有综合考虑这些因素的影响,制定最合理的标段划分方案,才能确保项目顺利实施。

5.1.4 新老道面搭接施工

C4、C7 滑口施工与 A 滑施工基本相同,而 C4、C7 滑口与运行的老跑道相接,防跑道侵入和消除直立面的接坡顺直是保证航空器正常运行的关键。为满足不停航施工要求,结合现场施工工艺情况,考虑到水泥道面结构的养护周期过长,需要对 C4、C7 滑行道道面结构进行优化,以保证机场运行效率。

同时,改变消除直立面的施工方法,大大减少清扫冲洗跑道的面积、争取有效施工时间也是本次施工的关键之一。另外,由于 C4、C7 滑口的道面面层为沥青混凝土,施工时须一次成型,不能留任何施工冷缝,也就是在沥青混凝土施工时,须在短时间内破除接坡顺直的直立面层,为沥青面层施工争取更多的时间,为有效完成后航空器的正常运行提供保证。

新老道面搭接的施工分为以下两个方面:跑道道肩破除及基层施工和沥青道面面层施工。

1. 跑道道肩破除及基层施工

道肩破除及开挖 0.9 m,级配碎石基层 0.25 m,第一层水泥碎石基层 0.25 m,第二层水泥碎石基层 0.2 m,(跑道中线灯、涉及的跑道边灯、接地带灯)二次线电缆配管,回填 0.2 m,采用垫土工布后填混凝土碾压、回填至原道肩高度,表面需平整光滑,必要时采取水泥浆清光。

2. 沥青道面面层施工

1)跑道道肩以外的联络道的道面区域

(1)沥青层第一层 0.02 m。

(2)次日施工沥青层第二层 0.07 m。

(3)次日施工沥青层第三层 0.06 m。

2)原跑道道肩区域

(1)将跑道道肩区域电缆及边灯移至道面区域。

(2)清除跑道道肩区域碾压混凝土 0.2 m。

(3)沥青道面层施工(与跑道道面搭接处沥青道面层厚 0.18 m、跑道原道肩处沥青道面层厚 0.15 m)。

(4)采用槽钢地座钢筋进行边灯固定。

3)联络道面层沥青施工

(1)将跑道道肩区域电缆及边灯移至道面区域。

(2)联络道面层沥青施工。

(3)采用槽钢地座钢筋进行边灯固定。

5.2　道面污染防护及场地恢复

5.2.1　污染防护

为了防止污染飞行区道面及路面,要求施工车辆保持车况良好,且进入施工区域前要全面检查、保持车辆清洁,严禁漏油车辆进入施工区域。

施工车辆按规定行车路线进入施工区域,严禁人员、车辆和机械等擅自进入跑道道面。所有进场施工人员、车辆、机械设备只准在规定区域内进行施工,不得在指定区域外的任何区域活动、穿行或停放车辆或设备。

施工中,进行易污染道面工序作业时需在周边区域下铺设针织无纺布,上部再铺设帆布,施工中经常检查帆布有无损坏,若有损坏需更换后才能投入使用。

现场安排专人进行保洁,负责施工区域及施工区域附近的道面清理工作和防止 FOD。

5.2.2　直立面消除

根据《民用机场飞行区技术标准》(MH 5001—2013)要求,在滑行道中线两侧 47.5 m 范围内施工不能留有坑洞(施工区域刚好全部位于此范围内),同时,道肩破除后需消除开挖后形成的台阶高差,而按传统施工方法需用砂袋将台阶按 1∶2 的坡度延坡接顺(图

5-2—图 5-5）。

　　为争取有效的施工时间，工程准备了多种方案，包括砂袋堆码、预制混凝土板吊装铺设、钢木架堆码砂袋进行吊装铺设等方式，均被论证否定，最后采用以下方案：①在施工完成的碾压混凝土上面铺设一层隔离层，防漂浮物对跑道的侵入；②在隔离层上再铺设水泥稳定层，通过人工按一定坡度进行找平并用压路机碾压密实，在后续沥青混凝土施工时，用挖机和装载机进行直立面封闭层的破除（根据施工经验，水泥稳定层水泥用量达到 7% 为最好，水的用量略高于水泥稳定层的水的用量，这样破除直立面时，会板结成块，更有利于集中清除）。

图 5-2　碾压混凝土施工完成后消除直立面前铺设隔离层

图 5-3　消除直立面在隔离层上铺设水泥稳定层并人工找平

图 5-4　铺筑沥青混凝土前机械破除道肩直立面

图 5-5　人工清扫破除道肩边直立面后的粉尘

　　C4、C7 滑口道肩总破除长度（含 C4、C7 滑口）为 180 m，仅在 18 d 内就完成了 C4、C7 滑口的道肩破除施工，同时还保障了飞行区的适航安全。

5.3　新跑道南端入口内移引起的标志标线更改

　　入口内移的标志标线更改设置应遵循下列要求。

　　（1）跑道入口内移时，可设置适当的标记牌供飞机起飞使用。

（2）跑道入口内移时，跑道入口标志宜增加一条横向线段，如图 5-6 所示，其宽度应不小 18 m。

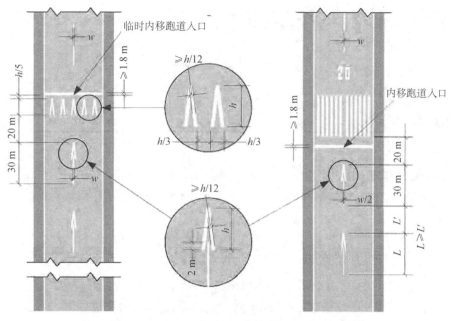

图 5-6　内移的跑道入口标志

（3）当跑道入口永久内移时，应按图 5-6 所示在内移跑道入口以前的那部分跑道上设置箭头，当跑道入口是从正常位置临时内移时，应按图所示加以标志，将内移跑道入口前除跑道中线标志和跑道边线标志以外的所有标志遮掩，并将跑道中线标志改为箭头。

（4）当内移跑道入口以前的跑道已不适于飞机的地面活动时，此区域应设置跑道入口前标志，如图 5-7 所示，同时对该区域内所有原跑道标志进行遮掩或清除。

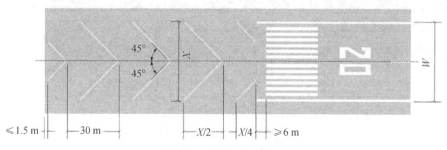

图 5-7　跑道入口前标志

第 6 章 排水工程不停航施工

6.1 施工准备

施工前应做好以下准备工作。

（1）组织施工技术人员熟悉施工图纸，掌握排水工程的施工方法和技术指标。

（2）编制排水工程专项施工方案。

（3）开工前做好场地清理，复测定位，确定纵横向轴线控制桩和水准点控制桩及固定，做好桩位防护工作。

（4）开挖沟槽时，做好施工的临时排水设施。

（5）水泥、砂、石料等材料进场前做好复测工作，复测合格后报请监理验收，验收合格后方可进场投入使用。做好材料检验，杜绝使用不合格的材料。

6.2 场地恢复

机场不停航施工条件下排水工程具有施工时间短，且极易出现部分区域施工后又需紧急清场、退场等情况，从而对排水沟的施工质量造成较大影响。因此，沟槽开挖前或临时排水沟处理前，必须在施工现场准备好各种材料，做到开挖一段、施工一段、回填一段，最大程度地做到已施工区域的场地恢复，尽量缩短开槽的暴露时间。排水系统回填示意如图 6-1 所示。

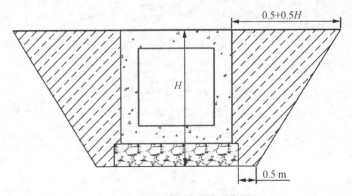

图 6-1 排水系统回填示意图

6.3　钢筋混凝土沟、箱涵施工方案

排水箱涵有 C2M 类型双孔排水箱涵、D2A 类型双孔排水箱涵、FXM 铸铁篦子单孔箱涵及 F2A 类型双孔排水箱涵,设计结构形式如图 6-2—图 6-5 所示。

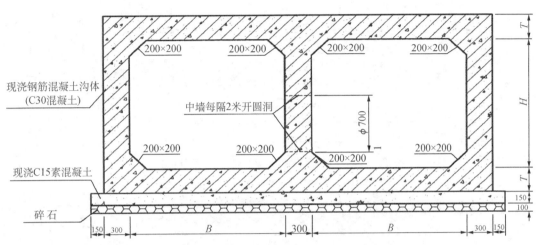

图 6-2　LC 类钢筋混凝土双孔箱涵(设有进水孔)(单位:mm)

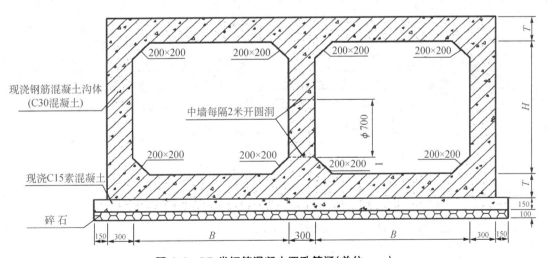

图 6-3　LD 类钢筋混凝土双孔箱涵(单位:mm)

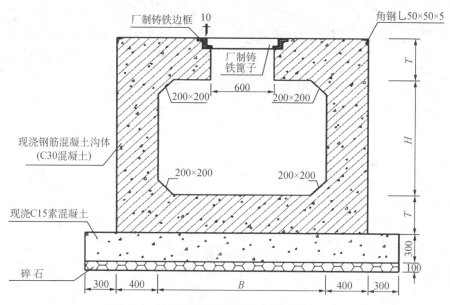

图 6-4　LF 类铸铁篦子单孔箱涵(单位:mm)

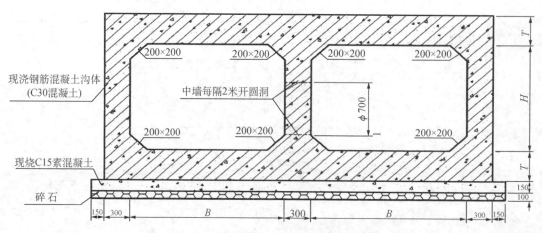

图 6-5　LE/F 类钢筋混凝土双孔箱涵(单位:mm)

6.3.1　施工流程

钢筋混凝土排水箱涵的施工流程如图 6-6 所示。

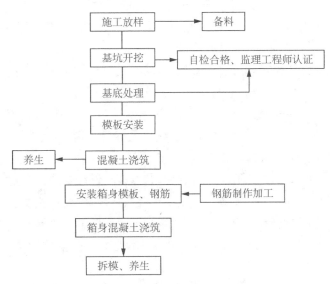

图 6-6　钢筋混凝土排水箱涵的施工流程图

6.3.2　施工工艺

1. 准备工作

混凝土排水箱涵开工前应对设计图纸进行仔细核对,准确放样,并对各种原材料进行相关试验,确保达到规范要求。基础开挖之前,按照图纸所示坐标及尺寸,放出箱涵中心线及基础开挖边线,并铺设临时水准点,作为箱涵施工过程高程控制依据,箱涵中心线应引至两端木桩上,以便随时进行中心线检查。测量放线成果须经监理工程师复核无误后方可进行下一步施工。

2. 基坑开挖

基础土方采用 1 台 1.25 m³ 反铲挖掘机进行开挖,从一端纵向后退开挖,采用自卸汽车将弃土装运走。反铲开挖过程中,采用水准仪随时进行观测控制,开挖标高按预留 1 m 夯沉量控制。若基槽内有地下水渗出,应在槽底一侧设置排水明沟,铺设碎石滤水层,将积水引至端头集水坑,采用潜水泵抽出基槽外。挖方区内的排水沟开挖,采取分层爆破施工及机械凿打施工,避免超挖,如有超挖按设计要求进行回填夯实。基坑的平面位置、几何尺寸和基底标高要符合设计要求。

3. 基底处理

按设计要求对基础范围进行夯实处理,基槽压实度:LC 类排水沟为 88%;LF 类排水沟为 92%;LD 类排水沟为 90%(影响深度为 0.15 m);夯后标高应达到基底设计标高。

4. 垫层施工

铺设 10 cm 碎石垫层,用小型压路机进行碾压,达到密实度 92%,经监理检查验收后,支设垫层模板,浇筑 C15 混凝土垫层。垫层混凝土由现场混凝土站搅拌,用混凝土泵直接注入浇注位置,用插入式振动器振捣密实,平板振动器振平表面后人工槎平。

5. 浇筑基础

按设计要求不大于 20 m 设一道沉降缝,底板一次性支模成型,分两次间隔进行混凝土浇筑,模板采用 $\delta=1.8$ cm 厚胶合九夹板,上中下三道 80 mm×100 mm 木枋背楞,外侧用短钢管夹紧打入土中并支撑在基坑边坡土壁上,间距 50 cm。根据设计要求,施工缝应留设在距底板 30 cm 高的侧墙上,支模时应一并支设成型。

内侧模板支撑可利用在底板钢筋上焊接钢筋撑脚,采用钢管进行对撑。模板支设完毕,绑扎底板钢筋,预留好侧墙钢筋,经监理工程师检查验收后进行混凝土浇筑。混凝土采用现场搅拌后用混凝土泵直接送入浇筑地点,用插入式振动棒分层振捣密实。混凝土在浇筑过程中应派专人对模板及支撑情况进行观察,若发现松动变形应及时处理。

沉降缝处放置传力杆,第一段基础底板混凝土浇筑成型后,将端头模板拆除,采用泡沫板将第二次浇筑的混凝土在变形缝处与第一次浇筑的混凝土隔开。箱涵侧墙上的施工缝留设,且在墙体留缝处嵌入通长 100 mm×100 mm 木枋以留设企口凹槽,在混凝土浇筑初凝后及时取出。

6. 浇筑箱身

1) 模板的支立

(1) 模板板面之间应平整,接缝严密、不漏浆。模板应有足够的刚度及强度,面板变形不得超过 1.5 mm,组合钢筋模板的拼装和各种螺栓连接件应符合现行国家标准。模板安装必须牢固,模板应分层支立且每层宜为 1~2 m,模板外侧用纵横向方木加以固定,设立斜撑并用拉杆固定。模板内侧应涂刷脱模剂,并用在模板上打眼设拉杆连接固定。

(2) 模板与钢筋骨架之间用预制高标号混凝土块支垫,以满足保护层要求。

(3) 模板的平面位置,几何尺寸及顶面高程等要符合设计要求。

(4) 模板内侧涂刷隔离剂,注意不得污染钢筋骨架,污染后应拆除模板,对钢筋骨架进行处理。

(5) 洞身设置一道间隔不大于 20 m 的沉降缝,缝内填以沥青麻絮或不透水材料。

2) 底板浇筑

浇筑底板时用混凝土泵输送混凝土。当浇筑厚度达到约 20 cm 时,用振动棒振捣,移动间距不应超过振动器作用半径的 1.5 倍;与侧模应保持 50~100 mm 的距离;插入下一层混凝土 50~100 mm,每一处振动完后应边振动边缓慢提出振动棒;避免振动棒碰撞模板。对每一振动部位必须振动到混凝土密实为止,即混凝土不再下沉和冒出气泡,表面呈面平坦注浆。

3) 凿除

浇筑箱身前应当凿除底板之衔接处的松弱层,人工凿除时须达到 2.5 MPa。凿毛处理后的混凝土面用水冲洗干净,水平缝宜铺一层厚为 10~20 mm 的 1:2 的水泥砂浆。

4) 箱身浇筑

混凝土浇筑时应分层浇筑,每层浇筑厚度不宜超过 30 cm,浇筑后使用插入式振动器振捣,注意与模板保持 50~100 mm 距离,避免振动棒碰撞模板、钢筋及其他预埋件。

5) 拆模及养生

(1) 当混凝土强度达到设计规范拆模混凝土强度时方可进行拆模,拆模时注意不得损坏构件的表面及边角。底模应在混凝土强度能保证其表面及棱角不致因拆模而损坏时方可拆除。

（2）混凝土拆模后，立即用塑料薄膜覆盖养生，养生期不小于 7 d，并以混凝土表面保持湿润为检验标准。

7. 台背回填

箱涵施工完，箱涵基础及两侧墙身高度范围内，须按设计和规范要求，采用透水性材料进行分层对称回填碾压。每层填料虚铺厚度不得大于 30 cm，在墙身上弹线进行控制。每层填料压实后进行压实度检测，符合压实度要求后才能进行下层填土。台背填土采用小型压路机进行压实且压实度不得低于 92%。道面部分排水沟或箱涵台背回填必须采用低标号混凝土(C10)进行回填施工，同时用插入式振动器振实。

8. 注意事项及质量评定标准

施工注意事项及质量评定标准如下。

（1）基础混凝土间隔不大于 20 m 处设置一道沉降缝，缝内填以聚氨酯填缝料。

（2）混凝土浇筑要连续进行，如因故中断时间超过混凝土初凝时间，应按要求设置施工缝，将施工缝表面凿毛，清洗干净，以保证混凝土接触良好。

（3）混凝土浇筑完毕后，用草袋、无纺土工布或草帘覆盖，并洒水养生，养生时间不少于 7 d，中间不得随意中断。

6.4　钢筋混凝土排水盖板明沟、暗沟施工方案

本工程钢筋混凝土盖板明沟及暗沟排水箱涵有 CGM 类型钢筋混凝土盖板明沟、DGA 类型钢筋混凝土盖板暗沟、DGM 类型钢筋混凝土盖板明沟、FGA 类型钢筋混凝土盖板暗沟及 CGA 类型钢筋混凝土盖板暗沟，设计结构形式如图 6-7—图 6-11 所示。

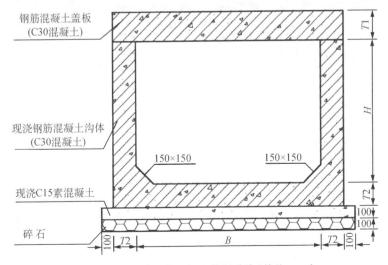

图 6-7　LC 类钢筋混凝土盖板暗沟(单位:mm)

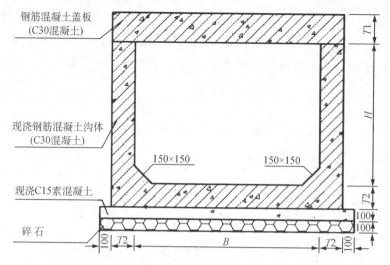

图 6-8　LC 类钢筋混凝土盖板明沟(单位:mm)

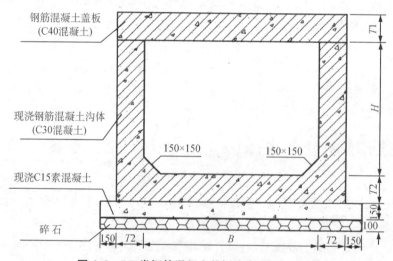

图 6-9　LD 类钢筋混凝土盖板暗沟(单位:mm)

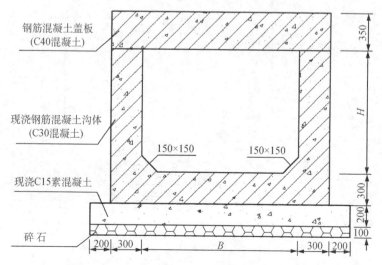

图 6-10　LD 类钢筋混凝土盖板明沟(单位:mm)

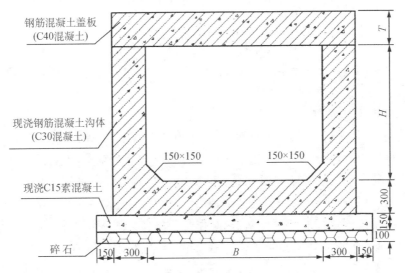

钢筋混凝土盖板
(C40混凝土)

现浇钢筋混凝土沟体
(C30混凝土)

现浇C15素混凝土

150×150　　　　　150×150

碎石

图 6-11　LF 类钢筋混凝土盖板暗沟(单位:mm)

6.4.1　施工流程

钢筋混凝土盖板沟施工工艺流程:现场准备→测量放线→沟槽开挖→垫层施工→钢筋绑扎→支模→浇筑混凝土(底板、侧墙)→拆模→养护→修补缺陷→灌缝→回填道面基层料→盖板安装等。

6.4.2　施工工艺

1. 准备工作

钢筋混凝土盖板明沟施工前,须完成人员、材料、混凝土配合比等报验手续,完成部分钢筋、模板加工。根据设计图纸和现场控制桩,每隔 10 m 测设沟中心桩,放出沟槽中心线及开挖宽度。

2. 沟槽开挖

沟槽开挖主要采用人工配合挖掘机进行,沟槽开挖从下游开始向上游方向开挖,以利排水。为了便于支撑和安全施工,沟槽开挖宽度按排水结构物基底宽度各增宽 30 cm,开挖按 1∶0.3 进行放坡,同时为防止超挖,开挖时沟槽底部预留 20 cm 左右采用人工清挖,并采用测量仪器进行全程跟踪检测。沟槽开挖完成后,用小型打夯机夯实,压实度需满足设计要求,沟槽压实度:LC 类排水沟为 0.88;LF 类排水沟为 0.92;LD 类排水沟为 0.90(影响深度为 0.15 m)。

3. 碎石垫层施工

在验收合格的土基面上,根据设计图纸,放出基础垫层的设计标高,并用红漆画出垫层高,用蓝漆画出垫层松铺高度。碎石垫层采用小型打夯机进行夯实。

4. C15 素混凝土垫层施工

碎石基础验收合格后,进行素混凝土垫层两侧模板立模并加固,完成后再进行素混凝土垫层浇筑。素混凝土垫层采用现场搅拌,用混凝土搅拌车将混凝土运至施工区,通过溜槽等方式送入仓面。

混凝土平仓采用人工作业,先采用插入式振捣器进行混凝土垫层振捣,再用平板振捣器均匀振捣密实,振捣时应振到混凝土无下沉、无明显气泡上升、表面平坦一致且呈现薄层水泥浆时为止,然后进行整平、抹面作业。

5. 钢筋下料加工及绑扎

每批进场钢筋应附有出厂检验证明书,并检验合格后方可使用。直径在 14 mm 以下的钢筋采用调直机调直,直径 14 mm 以上采用扳直的方法进行调直,扳直的钢筋须利用钢丝刷等进行除锈处理。钢筋切断采用钢筋切断机进行。钢筋弯曲采用弯曲机进行。钢筋严格按规格、批号等分别存放,存放时应架离地面约 15 cm 以上,并适当予以遮盖。

钢筋在加工厂根据配筋图预先制作,制作时严格按施工图纸下料,加工成型后的钢筋用汽车运到作业面绑扎。钢筋绑扎按设计图纸施工,且必须用混凝土预制块确保底板、沟墙两侧的混凝土保护层厚度。为了保证机场运行安全,在围界内施工,钢筋安装只采取绑扎工艺和对接套扣施工。

6. 支立模板

本工程主要采用胶合板,配以散装木模板。所有模板应质地坚硬、变形小,应无腐朽、扭曲及裂纹。

盖板沟的模板支设多数情况是先立外模,后立内模,再加支撑。支模前要计划好模板,并检查模板质量,模板支立应达到位置和尺寸准确,拼接严密,支撑牢固,不得漏浆、跑模。支立模板与安设的钢筋要密切配合,有碍绑扎钢筋的模板,应于钢筋安设后支立。模板内侧应涂刷脱模剂,以利拆模,不得污染钢筋。

1) 立外模

首先根据编号,依次将模板放入沟槽内;随后沿沟槽纵向适当距离放入大支撑,其长度与混凝土墙底外包宽度一致,并在其中部标以红色标志线。最后,将外模就位,完成初步固定。

2) 立内模

先将内模拼装成固定形状,再下入外模内就位固定。用"内模拼装架"将内模按设计要求拼装成型,撑好内支撑和钉吊挡。

对中就位:从龙门板中心钉挂线,吊垂球,使内模中心与垂线重合,用铁钉通过吊挡将内模固定于外模上,模板支护见图 6-12。

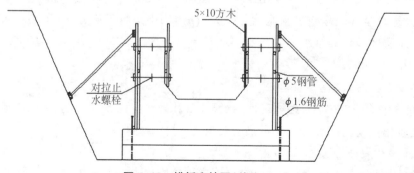

图 6-12 模板支护图(单位:mm)

3）预埋件安设固定

立模后应做好沉降缝处聚乙烯闭孔泡沫塑料板和传力杆的预设及固定。

4）加撑支牢、全面检查

内模在外模内就位固定后，可将外模支撑全部补齐撑牢。在设外模支撑时，需两侧对称进行，以免使沟槽中心偏移。在支设外支撑的同时，将内模、外模间的小支撑、外支撑的两端分别用铁钉固定于垫板和外模背上。

在模板加撑过程中，高程、中心位置和其他尺寸均可能发生变动，要全面检查调整，直至符合要求。

7. 浇筑槽混凝土

浇筑槽混凝土应按照如下施工流程进行。

（1）浇筑混凝土前，对垫层、钢筋、伸缩缝及模板隔离剂的涂刷应全面检查，模内的泥土等杂物要全部清除，合格后方可浇注混凝土。钢筋的品质检验、加工、焊接、绑扎与安设等应符合有关要求。

（2）用混凝土搅拌车将混凝土运至施工区，通过溜槽等方式进入仓面。底板的振捣以平板振捣器为主，插入式振捣器为辅，沟体侧墙用插入式振捣器振捣。浇筑混凝土时，不得碰撞模板或踩踏钢筋。混凝土自高处倾灌时的自由高度不宜超过 2 m。

（3）浇筑作业宜分段、对称、分层进行。分段：按伸缩缝分段，其位置要准确，一段完成后，再转入下一段。对称：浇筑沟墙应同时对称下料，进度应基本一致，防止模板偏移。分层：沟墙应分层浇筑，对称进行，高差不宜大于 25 cm，以防模板偏移。

浇筑槽混凝土应注意如下事项。

（1）浇筑混凝土底板应从两侧沟墙模板内下料，向沟底中部挤压，不足时，再向中部下料补齐。靠近模板的混合料应有所选择，拌和要均匀，稠度要适宜，避免骨料集中。

（2）两侧沟墙应同时平行浇筑，进度应基本相同，防止侧压力不同，致使沟槽中心偏移。每层浇筑应从一端开始，到另一端结束，下一层仍保持浇筑前进方向不变。在浇筑过程中，要经常检查模板支撑、沟墙尺寸及平面位置和高程等情况，发现问题迅速纠正。

（3）振捣棒应置于沟墙中部振动，不能碰动模板，振捣棒间距 30～40 cm，垂直放下，垂直取出，拔出时要慢一些。每次振捣棒要深入下层 5～10 cm，以利上下层结合，振捣时应振到混凝土无下沉、无显著气泡上升、表面平坦一致且呈现薄层水泥浆时为止。浇筑混凝土应做到连续作业，一次成活。

（4）浇完一段沟墙后，即可进行整平、抹面作业，整平、抹面分两次进行。第一次抹面按内模下口高度整平沟槽底板表面，并随即养护（可先盖上土工布）。第二次抹面在混凝土收浆后进行，将沟底、墙顶混凝土表面压实、抹光，在混凝土收浆后应及时用土工布覆盖，覆盖时不得损伤或污染混凝土表面，待终凝后浇水养护。浇水养护日期因环境气温和水泥品种而异，最少养护时间不得少于 7 d。

8. 拆模

要准确把握拆模时间和拆模方法，拆模时间可参照表 6-1。

表 6-1   拆模时间与气温关系

昼夜平均气温/℃	混凝土成型后最早拆模时间/h	昼夜平均气温/℃	混凝土成型后最早拆模时间/h
低于 15	72	25～30	36
15～20	60	高于 30	24
20～25	48	—	—

9. 修补缺陷

混凝土表面的缺陷应予避免,如已出现,可采用如下方法进行修补。

(1) 面积较小且数量不多的蜂窝、露石或缺边缺角,可用 1∶2～1∶2.5 水泥砂浆抹平。抹砂浆前,其表面必须用钢丝刷和压力水清洗。

(2) 较大面积的蜂窝、麻面和露筋,应先凿去薄弱的混凝土层和突出的骨料颗粒,再用钢丝刷和压力水刷洗表面,然后用细石混凝土填塞捣实。

10. 沟槽回填夯实

养护期结束后,经检验合格,且沟墙混凝土达到设计强度的 100% 时进行回填,回填时应同时对称、均匀、分层进行。回填前应排干槽内积水,并清除槽内木屑、垃圾等杂物。

沟槽回填应自上游向下游进行,沟两侧岸按设计要求采用道面基层料分层回填,分层检测,回填至土基面,每层厚度不大于 25 cm,采用小型打夯机夯实。

11. 混凝土盖板预制、运输、安装

1) 预制

盖板采用预制钢筋混凝土盖板,在预制场集中制作。预制构件场地应平整坚实,注意排水畅通,防止地基沉陷变形。预制构件浇筑前,应对钢筋的安设、模板的支设和预埋件的埋设进行全面检查。每件构件应一次浇筑完成,不得中断,并应采用机械捣实。构件外露的表面应平整、光滑、无蜂窝麻面。构件浇筑完毕,应标明型号、混凝土强度、预制日期和上下面。预制盖板脱模后应及时进行修整,构件不得有掉边、缺角、扭曲和开裂等缺陷。

2) 移位堆放

盖板移位时混凝土的强度应不低于设计强度的 75%。盖板堆放场地应平整夯实,并有排水措施,重叠堆放盖板不应超过 5 层,盖板的堆放应考虑吊装的先后次序。

3) 运输

根据盖板重量及施工条件,选用 5 t 汽车式起重机进行盖板吊装,用载重汽车运输。在运输和装卸时,要防止损坏,注意安全。

4) 安装

当盖板混凝土强度达到设计强度 100% 时,方可安装盖板。安装前,应将沟内泥土杂物清除干净。安装盖板时,应在沟墙顶用 1∶2 水泥砂浆,并将对应于沟墙范围内的盖板间的缝隙用 1∶2 水泥砂浆填实。盖板安装时,盖板的底面与顶面不得倒置;安装后,不应有高低不平或松动现象,盖板安装时应注意盖板顶高程比相邻的道面板高程低 3～5 mm。此外,车辆和机械不得在盖板上穿行。

12. 伸缩缝施工

沟体不大于 20 m 设一条带传力杆的伸缩缝,传力杆钢筋采用直径 25 mm、长 50 cm 的尺寸,胀缝板采用低发泡聚乙烯闭孔泡沫塑料板,并在沟体内外侧预留 3 cm 缝深以填置聚氨酯胶泥填缝料。与其他排水沟相接设置沉降缝(不带传力杆的伸缩缝)。

13. 填缝

嵌缝前应彻底清除和运走缝槽内存留的泥砂、细石、水泥干浆等杂物,填缝时缝槽必须处于洁净、干燥状态。填缝采用人工匀速行走进行灌注,边灌注边用工具将缝料轻轻搅动插捣,以确保嵌缝密实、均匀并增加其混凝土缝壁的黏附性;填缝料必须填塞饱满密实,不得有渗漏水现象。

6.5　浆砌排水沟施工方案

6.5.1　准备工作

首先审核图纸,计算放样资料;根据各种排水沟的尺寸制作坡度架;现场施工放样,测放控制桩、护桩。选择符合要求的原材料,水泥、砂、石料等材料进场前做好复试工作,合格后报请监理验收合格后方可进场投入使用。把好材料检验关,杜绝使用不合格的材料。对原材料的要求如下。

(1)选用的水泥应以能使所配制的砂浆强度达到要求、收缩小、和易性好和节约水泥为原则。符合现行国家标准,并附有制造厂的水泥品质试验报告等合格证明文件。水泥进场后,应按其品种、强度、证明文件以及出厂时间等情况分批进行检查验收。对所用水泥应进行复查试验。不同强度等级、品种和出厂日期的水泥应分别堆放。水泥如受潮或存放时间超过 3 个月,应重新取样检验,并按其复验结果使用。

(2)砂浆中所用砂宜采用中砂或粗砂,当缺乏中砂及粗砂时,在适当增加水泥用量的基础上,也可采用细砂。当用于砌筑片石时,砂的最大粒径不宜超过 5 mm;当用于砌筑块石、粗料石时,砂的最大粒径不宜超过 2.5 mm。如砂的含泥量达不到混凝土用砂的标准,当砂浆强度等级大于或等于 M7.5 时,可不超过 5%,小于 M7.5 时可不超过 7%。

(3)砌体所用的石料应选择质地坚实、无风化剥落和裂纹的石块,块体的中部厚度不宜小于 150 mm。片石中部厚度不应小于 200 mm;石砌体各部位所用石块要大小搭配使用,不可先用大块后用小块。采用形状不规则的乱毛石、形状太不规则但相对的两个平面大致平行的平毛石以及经过加工的块石,其强度等级均应不低于 30 MPa。用作镶面的片石,应选择表面较平整、尺寸较大者,并应做修整。

6.5.2　施工工艺

浆砌排水沟施工流程及施工要求如下。

(1)开挖前做好场地清理,复测定位,确定纵横向轴线控制桩和水准点控制桩,并进行固定,做好桩位防护工作。开挖沟槽时,根据地形做好施工的临时排水设施。开挖后应将沟底进行夯实、整平后方可开始铺砌。

(2) 砌筑前,应清除石块表面的泥垢、水锈等杂质,必要时用水清洗后方可使用。砂浆必须具有良好的和易性,其稠度以标准圆锥体沉入度表示,用于石砌体时宜为 50~70 mm,气温较高时可适当增大。零星工程用砂浆的稠度,也可用直观法进行检查,以用手能将砂浆捏成小团,松手后既不松散,又不从灰铲上流下为宜。砂浆采用机械拌和,拌和时间宜为 3~5 min。配制应用质量比,随拌随用,保持适宜的稠度,一般宜在 3~4 h 内使用完毕;气温超过 30℃时,宜在 2~3 h 内使用完毕。在运输过程或在贮存器中发生离析、泌水的砂浆,砌筑前应重新拌和;切忌使用已凝结的砂浆。

(3) 砌体应分段砌筑,砌体较长时可分段分层砌筑,但两相邻工作段的砌筑差一般不宜超过 1.2 m。分段位置宜尽量设在沉降缝或伸缩缝处,各段水平砌缝应一致。

(4) 砌体外露面应进行勾缝,并应在砌筑时靠外露面预留深约 20 mm 的空缝备作勾缝之用。砌体隐蔽面砌缝可随砌随刮平,不另勾缝。各砌层的砌块应安放稳固,砌块间砂浆应饱满,黏结牢固,不得直接贴靠或脱空。砌筑时,底浆应铺满,竖缝砂浆应先在已砌石块侧面铺放一部分,然后于石块放好后填满捣实。用小石子混凝土塞竖缝时,应以扁铁捣实。

较大的砌块应使用于下层,安砌时应选取形状及尺寸较为合适的砌块,尖锐突出部分应敲除。竖缝较宽时,应在砂浆中塞以小石块,不得在石块下面用高于砂浆砌缝的小石片支垫。砌筑上层块时,应避免振动下层砌块。砌筑工作中断后恢复砌筑时,已砌筑的砌层表面应加以清扫和湿润。

(5) 砌体勾缝除设计有规定者外,一般可采用凸缝或平缝。浆砌较规则的块材时,可采用凹缝。勾缝砂浆强度不应低于砌体砂浆强度,一般不低于 M10,流冰和严重冲刷部位应采用高强度水泥砂浆。石砌体勾缝应嵌入砌缝内约 20 mm 深。缝槽深度不足时,应凿够深度后再勾缝。干砌片石勾缝时,应嵌入砌缝 20 mm 以上。

(6) 浆砌砌体,应在砂浆初凝后,洒水覆盖养生 7~14 d。养护期间应避免碰撞、振动或承重。

(7) 质量检验及质量标准。对砂浆抗压强度应按不同强度等级、不同配合比分别制取试件,重要及主体砌筑物,每工作班应制取试件 2 组,一般及次要砌筑物,每工作班可制取试件 1 组。拱圈砂浆应同时制取与砌体同条件养护试件,以检查各施工阶段的强度。

(8) 砂浆抗压强度合格条件如下:①同等级试件的平均强度不低于设计强度等级。②任意一组试件最低值不低于设计强度等级的 75%。

(9) 砌体质量应符合下列规定:①砌体所用各项材料类别、规格及质量符合要求;②砌缝砂浆或小石子混凝土铺填饱满,强度符合要求;③砌缝宽度、错缝距离符合规定,勾缝坚固、整齐,深度和形式符合要求;④砌筑方法正确;⑤砌体位路、尺寸不超过允许偏差。

(10) 浆砌片石冬期施工。

① 砌块应干净,无冰霜附着;砂中不得含有冰块或冻结团块。遇水浸泡后受冻的砌块不能使用。

② 冬期施工的砌筑砂浆必须保持正温,砂浆与石材表面的温度差不宜超过 20℃。石灰膏不宜受冻,如有冻结,应经融化并重新拌和后方可使用,但因受冻而脱水者不得使用。

③ 冬期砌筑砌体,只准使用水泥砂浆或水泥石灰砂浆,不准使用无水泥配制的砂浆,砂

浆宜采用普通硅酸盐水泥拌制。砂浆应随拌随用,搅拌时间应比常温时增加 0.5～1 倍,砌石砂浆的稠度要求 40～60 mm。

④ 冬期施工前后气温突然降低时,正在施工的砌体工程应采取下列措施:拌和砂浆的材料加热,水温不得超过 80℃,砂子不得超过 40℃,使砂浆温度不低于 20℃。拌制砂浆的速度与砌筑进度密切配合,随拌随用。砌完部分用保温材料覆盖,气温低于 5℃时,不能洒水养护。

⑤ 为加速砂浆硬化,缩短保温时间,可在水泥砂浆中掺加氯化钙等早强剂,通过试验确定掺量。气温低于 5℃时,不能洒水养护。

⑥ 砌体冬期施工时,应注意进行下列检查并记入施工记录:室外气温、暖棚气温及砂浆温度,每昼夜定时检查不少于 3 次;抗冻剂的掺量,每一工作班检查不少于 1 次;砌体冬期施工时,砂浆强度应以在标准条件下养护 28 d 的试件试验结果为准。试件制取组数不应少于常温下施工的试件组数。每一单元砌体应同时制取与砌体同条件养护的试件,以检查砂浆强度实际增长情况。砂浆强度的评定方法与常温施工的砂浆相同。

6.6　辅助设施工程

为不影响机场飞行运行安全,临时消防管道沿围界布设于内外围界之间。根据现场查看情况,将临时消防管道沿航油管路铺设,铺设在航油管混凝土包封两侧位置。

为避免管道在日照下或早晚温差较大的情况下蛇形扭曲而挤压两侧围界钢网,采用长×宽×高为 500 mm×500 mm×1 000 mm 的 C20 混凝土固定墩,每隔 20 m 间距设置一个约束(阀门两侧必须各设置一个)。在围界两端接头处,与原有消防管线的接口位于外围界的外侧,连接时需挖设较大坑洞将管底下方留出较大空间操作,碰管结束后用细砂包裹再用混凝土包封。

考虑贵阳冬季夜间气温在 0℃以下,极端气温达到 −7℃,采用一层 20 mm 厚橡塑保温板进行保温,并用铁丝捆扎牢固。混凝土浇筑通过人工现场搅拌、塑料桶挑运至浇筑点位方式施工。临时消防水管施工场区布局如图 6-13 所示。

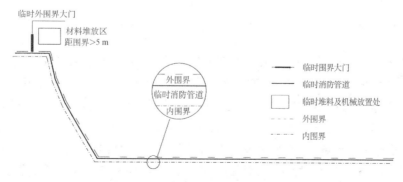

图 6-13　临时消防水管施工场区布局图

第7章　飞行区道桥工程不停航施工

7.1　下穿通道工程

7.1.1　施工准备

下穿通道工程的施工准备阶段包括以下四个方面。

（1）设施建设：施工前，在下穿通道端部设置施工道口，作为机械、人员进出场内的通道。由于施工区域部分位于老围界内，考虑到不停航施工的要求，进场施工前首先对老围界内施工区域进行管线迁改。在施工场地附近设置钢筋加工场，以方便原材料的储存和加工。

（2）图纸审核：施工前由总工程师组织技术员及施工人员按设计院下发的蓝图进行审核、学习，对重要节点须进行现场核对，并形成审核记录，如有疑问要立即与设计院沟通，确保施工图纸的准确。

（3）现场勘察：通道垫层、通道箱涵及敞口段主体结构施工前编制专项测量方案，明确通道施工时的测量方法、布点要求以及相应的监测措施。根据工程定位桩、高程桩及施工图纸，由测量人员定出结构位置及高程。根据不停航施工条件下不同区域的限高要求，采用不同的施工机械和施工方案。

（4）技术交底：严格执行三级技术交底制度。施工前由项目总工程师向项目部各部门及技术人员进行开挖、支护专项方案交底。工程部部门负责人向部门人员及施工工区技术负责人进行施工方案以及关键工序交底。最后，各工区技术负责人向施工班组长及作业人员进行现场施工技术交底。

7.1.2　资源配置

本工程涉及下穿通道三条，根据所在标段的不同，将其分为两部分。1号下穿通道单独在一个区域内，2、3号下穿通道共同在另一区域内。1号下穿通道为预埋通道，是连接旧航站楼和远期新建航站楼的重要道路。2号下穿通道连接东西货运区，为来往东西货运区之间的车辆下穿整个飞行区提供便捷通道。3号下穿通道与2号通道并行，连接东西飞行区空侧，是空侧货运、特种车辆下穿东西跑道、东跑道及相关滑行道等区域的通道。下面分别对两个部分下穿通道的资源进行汇总，具体配置如表7-1—表7-6所示。

1. 1 号下穿通道资源配置

表 7-1 主要材料配置表

序号	材料名称	规格型号	单位	数量（暂定）	备注
1	商品混凝土	C40P8	m³	4 5903.1	限制膨胀率≥0.02％
2	商品混凝土	C25 细石	m³	1 686.6	防水保护层
3	商品混凝土	C35	m³	2 890.8	—
4	商品混凝土	C30	m³	2 042.2	—
5	商品混凝土	C15	m³	3 036.3	—
6	钢筋	Φ32	t	579.7	HRB400
		Φ28	t	4 303.7	
		Φ25	t	1 137.8	
		Φ22	t	317.8	
		Φ20	t	1 238.1	
		Φ18	t	60.3	
		Φ16	t	377.9	
		Φ14	t	39.5	
		Φ12	t	888.8	
		Φ10	t	744.4	HPB300
		架力筋	t	291.3	HRB400
7	自黏改性沥青防水卷材	PYⅠPE 4.0 单层≥4 mm	m²	53 142.0	—
8	LDPE 嵌缝板		m²	1 482.7	—
9	高密度泡沫板	5 cm 厚	m²	12 948.1	—
10	中置式钢边橡胶止水带		m	1 503.6	—
11	镀锌止水钢板		m	1 886.4	—
12	混凝土建筑接缝用密封胶		m	3 135.4	—
13	接水槽	不锈钢	m	1 125.5	—

表 7-2 主要周转材料配置表

序号	名称	规格	数量	备注
1	钢管	Φ48 mm×3 mm	161.75 t	按计划配备
2	顶、底托		4 256 个	
3	木方	87 mm×87 mm	87.8 m³	
4	木胶合板	12 mm 厚	2 221 m²	
5	木胶合板	12 mm 厚	1 032 m²	
6	碗扣接头		27 592 套	—

表 7-3   主要机械设备配置表

序号	名 称	规格型号	产地	数量（台/套）					现状	备注
				小计	其 中					
					自有	租赁	新购	委托采购		
1	汽车吊	25 t		2		2				
2	随车吊	16 t		2		2				
3	混凝土输送泵	56 m		2		2				
4	混凝土输送车	16 m³		6		6				
5	发电机	300 kW		1	1					
6	发电机	150 kW		1	1					
7	装载机	ZL50		1		1				
8	指挥车	皮卡		2	2					

表 7-4   仪器配置表

序号	仪器名称	型号规格	单位	数量	用途
1	测量型 GPS	南方银河 1(SOUTH GNSS)	台	1	施工测量
2	测量型 GPS	南方银河 1(SOUTH GNSS)	台	1	施工测量
3	测量型 GPS	南方银河 1(SOUTH GNSS)	台	1	施工测量
4	水准仪	DSZ2	台	1	施工测量
5	水准仪	DSZ2	台	1	施工测量
6	全站仪	ES-602G	台	1	施工测量、监控
7	混凝土抗压试验机	YAW-300	台	1	试验检测

2. 2、3 号下穿通道资源配置

表 7-5   主要施工设备表

序号	设备名称	规格型号	数量	单位
1	塔吊		6	台
2	挖掘机	PC250	3	台
3	履带式推土机	135 kW	2	台
4	光轮压路机		2	台
5	发电机	75 kW	3	台
6	焊机	BX1-500A	8	台
7	焊机	BX1-630A	7	台
8	自卸式汽车	5T	6	辆

（续表）

序号	设备名称	规格型号	数量	单位
9	汽车吊	QY16	1	台
10	摊铺机		2	台
11	平板振动器	ZX70	6	台
12	插入式振动棒	φ50	10	台
13	洒水车	8000L	3	辆
14	混凝土输送泵	HBT60A	6	台
15	混凝土输送车	HTM604	2	台
16	调直机	GT4-14	2	台
17	钢筋弯曲机	GQ40	4	台
18	钢筋切断机	GW40	5	台
19	交流对焊机	UNI-100	2	台
20	钢筋直螺纹机	HGS-40	5	台

表 7-6　　　　　　　　　　主要工程数量表

序号	工程名称	单位	数量	备注
一	路面结构			
1	5 cm 厚 AC-13 SBS 改性沥青混凝土	m²	33 312	
2	8 cm 厚 AC-25 粗粒式沥青混凝土	m²	33 312	
3	沥青黏油层	m²	33 312	
4	下封层	m²	33 401	
5	沥青透层油	m²	33 401	
6	水泥稳定级配碎石(18 cm 厚)	m²	13 362	
7	水泥稳定级配碎石(18 cm 厚)	m²	13 362	
8	水泥稳定级配碎石(16 cm 厚)	m²	20 038	桥涵段
9	水泥稳定级配碎石(16 cm 厚)	m²	20 038	桥涵段
10	级配碎石(20 cm 厚)	m²	14 997	桥涵段采用毛石混凝土
11	平缘石	m	893	
二	安全通道			
1	人行道砖(6 cm 厚)	m²	4 184	
2	M7.5 水泥砂浆(3 cm 厚)	m²	4 184	
3	水泥稳定碎石(15 cm 厚)	m²	4 184	

（续表）

序号	工程名称	单位	数量	备注
三	下穿通道桥涵			
1	C40 混凝土	m³	86 764.3	
2	C40 钢纤维混凝土	m³	11.0	
3	C30 混凝土	m³	2 396.9	
4	C15 混凝土	m³	3 103.3	
5	毛石混凝土	m³	6 670.8	
6	细石混凝土	m³	2 715.2	防水构造
7	HRB400 钢筋	kg	17 244 226.7	
8	D10 冷轧带肋钢筋焊网	kg	1 207 549.9	
9	水泥稳定碎石(30 cm 厚)	m³	1 012.8	搭板
四	挡墙			
1	C35 混凝土	m³	20 125.7	含边沟、排水沟、截水沟
2	C15 混凝土	m³	1 092.3	
3	HPB300 钢筋	kg	62 085	含边沟、排水沟、截水沟
4	HRB400 钢筋	kg	1 724 059	含边沟、排水沟、截水沟
五	防水材料			
1	自黏改性沥青防水卷材	m²	81 623.4	
2	自黏改性沥青防水卷材	m²	2 038.2	挡墙
3	双面自黏改性沥青卷材	m²	2 624.1	
4	LDPE 嵌缝板	m²	3 499.1	
5	LDPE 嵌缝板	m²	509.6	挡墙
6	高密度泡沫板(5 cm 厚)	m²	17 631.7	
六	止水材料			
1	中置式钢边橡胶止水带	m	3 013.8	
2	混凝土建筑接缝用密封胶	m	3 790.3	
3	混凝土建筑接缝用密封胶	m	2 038.2	挡墙
4	接水槽	m	2 327.2	
七	安全防护			
1	波形护栏	m	465	货运支路
2	混凝土防撞墩	m	20	货运支路
八	标志标牌			
1	圆形标志(D80)	个	11	
2	指路标志(1 200×1 000)	个	2	

(续表)

序号	工程名称	单位	数量	备注
3	断头路标志(1 200×1 000)	个	2	
4	逃生指示标志	个	216	
5	减速慢行标志(350×1 000)	个	3	
6	单桩式标志基础	套	8	
7	交通标线	m²	2 345	
九	其他			
1	雨水箅子	个	645	边沟
2	角钢(160×160×12)	kg	1 220.1	
3	角钢(25×80×7)	kg	1 943	截水沟
4	扁钢(55×10)	kg	753	截水沟
5	槽钢8	kg	643.5	截水沟
6	铸铁盖板	kg	10 370	截水沟
7	M16 螺母、螺栓	套	680	截水沟
8	垫圈、弹簧垫圈	套	680	截水沟

7.1.3　施工区域划分

1. 1 号下穿通道

1 号下穿通道根据基坑开挖施工方法,分为 A、B、C、D 四个区段。其中,A 区为爆破开挖区,B 区为填方区,C 区为机械凿打开挖区,D 区为厂内机械凿打区,具体分布如图 7-1 所示。由于不停航施工,C、D 区域在第二阶段施工场地距离机场围界过近,不允许采用爆破施工,故采用机械凿打开挖。下穿通道自西向东划分为 X1 至 X31 号箱涵,X1~X10 与 X22~X31 节段箱涵位于运行区外,X11~X21 节段箱涵四周被运行区所包围,区段长度 359.2 m。

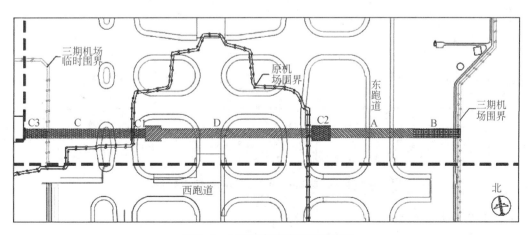

图 7-1　1 号下穿通道施工平面图

根据填挖条件的不同,下穿通道的施工流程存在差异。挖方段的施工顺序为:首先进行基坑降水,待降水完成后进行基坑的开挖和支护工作,再进行地基施工,接下来是主体结构及防水施工,最后进行基坑回填。其中,主体结构及防水包括垫层、底板、侧墙、中墙和顶板的施工。填方段主体施工之前的施工流程与填方段不同,需要先根据场道要求将土回填至通道底,待地基沉降稳定后再进行主体结构及防水的施工,施工过程见图7-2。

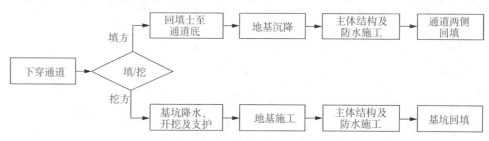

图7-2　下穿通道施工流程

考虑到不停航施工的要求,不同区域内的施工限高存在区别。1号下穿通道东跑道运行期间施工区域内存在净空限制。限制高程从高程1 134.20以14.3%的坡度递增至高程1 180.20。在该区域内,施工过程中需要对设备高度进行严格的限制,做到不影响机场的正常运行,同时也方便现场施工,为此需要根据净空高度合理进行塔吊配置,并在特殊区域采用龙门吊配置方案。

在东西两侧区域内,根据现场施工以及净空要求,采用群塔配置方案(图7-3),坐标采用机场独立坐标系,现场塔吊高度主要考虑塔尖高程和大臂端距离机场最近处高程,二者高程均不超过净空障碍物限制面,满足施工及净空要求;中间区段位于机场运行区域内部,若采用群塔布置,存在遮挡塔台视线的风险,从而成为固定障碍物,对飞行安全影响较大,机场及空管、民航监管等相关单位亦不允许安装塔吊,最终确定采用龙门吊的方式,在保证机场安全运行的前提下,亦可满足施工需求。

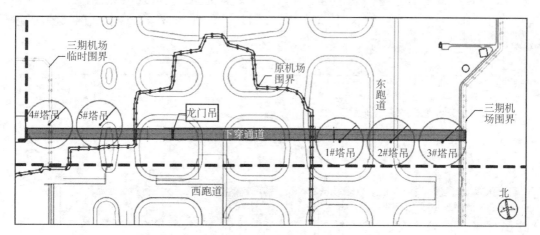

图7-3　下穿通道群塔及龙门吊布置平面图

2. 2、3号下穿通道

本工程2、3号下穿通道以现有飞行区围界为分界线,分为东区、西区以及现有飞行区三个施工区段,如图 7-4 所示。其中东区、西区通道为填方段,现有飞行区通道为挖方段。东区通道长度为 848.508 m,西区通道长度为 449.133 m,现有飞行区通道长度为 397.256 m。

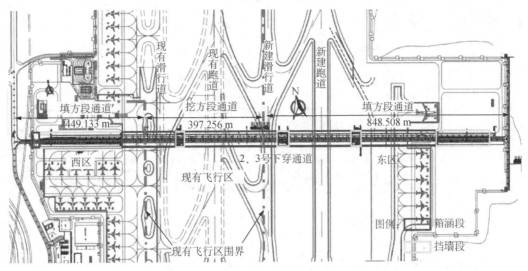

图 7-4　施工平面图

7.1.4　1 号下穿通道施工

1. 基坑开挖与支护

本次基坑开挖长 359.2 m、宽 38.4~40.9 m、深约 11 m,采用挖掘机配合自卸卡车从西侧敞口段开始开挖,向东推进,每层 3 m 分层开挖支护,边开挖边支护,一层支护完成后方可进行下一层开挖施工(图 7-5)。

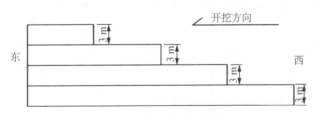

图 7-5　分层开挖示意图

施工过程中需要注意以下几点。

(1)在拟开挖区域设置警示带,独立施工区域。

(2)保证施工时机具高度不超过升降带标高 2 m,靠近 A 滑 10 m 段首层开挖计划在停航后实施。

(3)开挖的土石方及时回填场内填筑区,不在场内堆砌。

(4)车辆及人员通过东侧 8 号施工道口进出场。

(5)场区内设置机械、设备临时停放点,停放点位于 A 区距跑道中心线 260 m 处,挖掘机每日施工结束后放下大臂原地停放。

2. 箱涵结构施工

从 X11 节段开始进行箱涵结构施工,依次浇筑至 X21 节段,西侧敞口段留作进出场区的入口,考虑到不停航施工的要求,需要等围界内工程全部施工完毕后再进行浇筑。箱涵施工顺序如图 7-6 所示。

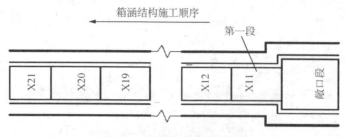

图 7-6　箱涵施工顺序示意图

下穿通道施工流程为基坑开挖与支护、箱涵结构施工和通道两侧回填三个部分。

1) 混凝土垫层、垫板施工

首先,浇筑 15 cm 厚 C15 混凝土垫层,混凝土垫层必须密实,表面平整。做到表面洁净,无裂纹,无脱皮和麻面等现象。

浇筑 C15 混凝土垫层前,保证基层表面清理干净杂物、积水和浮土等。清理完后根据标高线检查混凝土垫层厚度。且 C15 混凝土垫层坍落度需控制在 170～200 mm,每次浇筑混凝土时按要求制作试块。使用人工摊铺混凝土,用 2 m 刮杆刮平,振捣密实,表面不平处要用混凝土填补,再用 2 m 刮杆刮一次,用木抹子搓平。随后用铁抹子轻轻抹压面层,压平脚印。当混凝土开始凝结,表面有脚印但不下陷时,用木抹子搓平,用铁抹子进行第二遍搓平压光,将面层的凹坑砂眼和脚印压平。

在底板节段变形缝下面,防水层外侧设置垫板,防止结构的不均匀沉降。垫板使用 C30 混凝土浇筑,垫板顶面与垫层顶面高度一致,垫板宽 150 cm,长 2 040 cm,厚 50 cm,垫板构造图及配筋如图 7-7 所示。

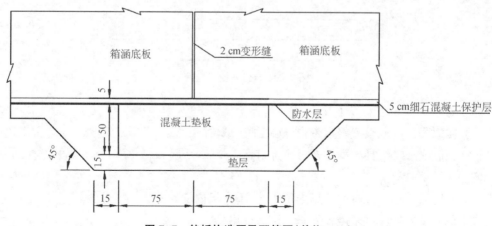

图 7-7　垫板构造图及配筋图(单位:mm)

待 C15 混凝土垫层达到要求强度后,进行底板防水层以及保护层的施工。

防水层采用 4 mm 厚自黏性沥青防水卷材,底板和侧墙铺设防水层的阳角均应做成 50 mm×50 mm 的钝角,在变形缝部位设置一层 4 mm 厚自黏性沥青防水卷材,底板防水层铺设完毕后,除掉卷材的隔离膜,需立即浇筑 50 mm 厚 C25 细石混凝土保护层。

2) 底板及其施工缝、变形缝施工

底板混凝土采用 C40 补偿收缩混凝土,抗渗等级为 P8,限制膨胀率大于等于 0.2%,采用 P.O 42.5 普通硅酸盐水泥,不得使用受潮或者过期水泥,且不同品种或不同强度等级的水泥不得混合使用。

混凝土水灰比不大于 0.45;混凝土中需掺入一定数量粉煤灰加磨细矿渣粉(或硅粉),粉煤灰掺量为 25%,磨细矿渣粉掺量为 10%,硅粉掺量不大于 5%,掺合粉应不含放射性物质、可溶性有毒物质或对混凝土性质有害的物质,并应有产品检验合格证书。

混凝土中需掺入减水剂、膨胀剂、引气剂等外加剂,各品种的掺量应经过试验确定,其质量应符合国家或者行业标准一等及以上的要求,各种外加剂混合使用时,应先测定他们之间相容性。膨胀剂采用符合《混凝土膨胀剂》(GB/T 23439—2017)的 S-AC 高性能抗裂密实膨胀剂。

抗渗混凝土骨料应均匀坚固,粒型和级配良好,吸水率低,石子粒径不宜大于 20 mm,吸水率不大于 1.5%,不得使用碱活性骨料;砂宜采用中砂,砂率为 35%~40%,灰砂比为 1:1.5~1:2.5,粗骨料和细骨料的含泥量应分别低于 0.7% 和 1%。

每立方米抗渗混凝土中各类材料的总碱量不得大于 3 kg,最大氯离子含量不大于 0.06%,若存在氯离子腐蚀性问题,配筋混凝土的氯离子含量不应超过胶凝材料中的 0.2%。

底板混凝土浇筑流程:施工准备→混凝土浇筑申请→底板及导墙混凝土的浇筑、振捣→收面→混凝土养护。

混凝土浇筑:底板厚度 1 m,采用人工配合汽车泵分层浇筑,每层浇筑厚度不大于 50 cm,下层混凝土初凝前浇筑上层混凝土(图 7-8)。斜坡斜度不宜大于 1:6。浇筑的基本原则为保证层与层之间的混凝土在初凝之前结合好,不形成冷缝。保证混凝土在规定时间内完成。混凝土顶层浇筑初凝后人工搓平,且赶光、压实。

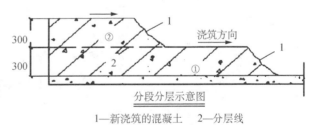

图 7-8　混凝土分层浇筑示意图(单位:mm)

分层浇筑时,第二层防水混凝土浇筑时间应在第一层初凝前,将振捣器垂直插入到下层混凝土中(应不小于 50 mm),插入要迅速,拔出要缓慢,振捣时间以混凝土表面浆出齐、不冒泡、不下沉为宜,严防过振、漏振和欠振而导致混凝土离析或振捣不实。

振捣要求:混凝土振捣采用 Φ50 振捣棒,振捣过程中将振捣棒上下略有抽动,快插慢拔,以使上下振捣均匀,振捣棒移动间距为 400 mm 左右,每点振捣时间以 20~30 s 为宜,以混凝土表面不再显著下沉、不再出现气泡、表面泛出灰浆为准,振捣棒宜插入下层混凝土 50~100 mm,对于钢筋较密部位用 Φ30 振捣棒,振捣棒应避免碰撞钢筋、模板、埋件等,振捣棒应距洞边 200 mm 以上。

底板墙体顶部在浇筑时压实、抹平。强度达到 1.2 MPa 后凿毛便于与后续混凝土结合,剔凿时不得损伤止水带。

养护方法:混凝土采用蓄水养护,表面在初凝后覆盖塑料薄膜,终凝后注水,蓄水深度不少于 80 mm。

施工缝、变形缝施工工艺要求如下:①混凝土结构接缝或裂缝堵漏,宜在冬季收缩最大时进行。同时,尽量在结构变形、沉降基本稳定后进行。对影响结构强度的裂缝应采用环氧等补强材料处理;②本通道施工缝设置在受剪力、弯矩较小并便于施工的区域,竖向不设置施工缝,施工缝设置成水平面。墙体有孔洞时,施工缝距孔洞边缘(不应小于 30 cm),且主体结构不宜设置纵向施工缝。施工缝设置在低于顶板底面以下、高出底板顶面以上 50～80 cm 的位置。施工缝防水采用中置式镀锌钢板止水带,施工缝外贴 60 cm 宽自黏改性沥青防水卷材作为加强防水层。施工缝防水结构如图 7-9 所示。

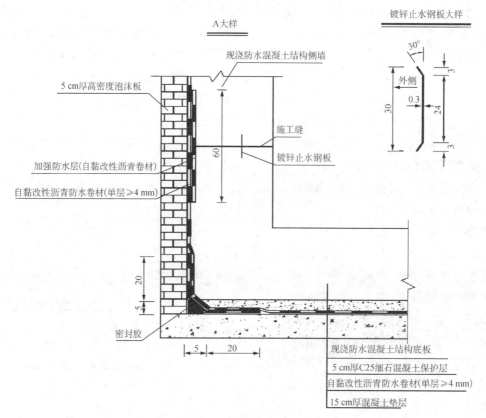

图 7-9　施工缝防水结构图

变形缝防水措施如下:①变形缝预设中置式钢边橡胶止水带。中置式止水带需固定于专门的钢筋夹上,水平安装时应成盆形,扎在固定用钢筋框上,防止止水带下面存有气泡,造成渗水。变形缝中部填充混凝土接缝密封用 LDPE 嵌缝板(JC/T 2255—2014-Ⅱ型),底部填充 5 cm 混凝土建筑接缝用低模量密封胶,底板变形缝上部填充 5 cm 混凝土建筑接缝用高模量密封胶。变形缝设置 90 cm 宽加强防水层(自黏改性沥青防水卷材)。②嵌缝槽的成槽方式是:顶板在浇捣混凝土时,于设计位置预埋呈退拔状的金属或硬木条,并在表面涂抹脱模剂,宜待混凝土初凝时剔出预埋条成槽。在嵌缝槽成槽时,切勿用一般木条,以免发胀无法剔出，嵌缝施工宜在混凝土达到设计强度后进行。③水泥基渗透结晶型防水涂料因其具有逆向渗透与长期活性的功能，对封闭结构裂缝功效显著。可用施工缝接缝等易产生渗透之处，作为新老混凝土的界面剂，用量为 2.0 kg/m^2。④防水加强层均指与原外包防水层同材质、同厚度的防水材料。底板变形缝防水结构如图 7-10 所示。

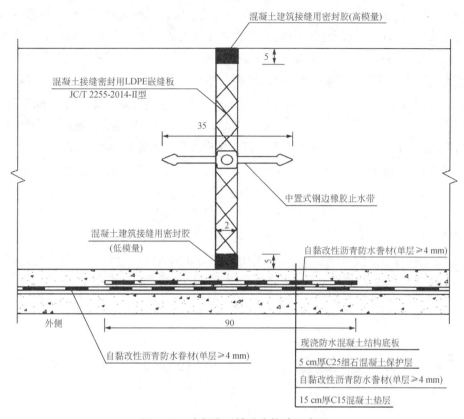

混凝土建筑接缝用密封胶(高模量)

混凝土接缝密封用LDPE嵌缝板
JC/T 2255-2014-II型

中置式钢边橡胶止水带

混凝土建筑接缝用密封胶
(低模量)

自黏改性沥青防水卷材(单层≥4 mm)

外侧

自黏改性沥青防水卷材(单层≥4 mm)

现浇防水混凝土结构底板

5 cm厚C25细石混凝土保护层

自黏改性沥青防水卷材(单层≥4 mm)

15 cm厚C15混凝土垫层

图 7-10　底板变形缝防水构造示意图

3) 侧墙、顶板及防水施工

本通道侧墙和顶板同时施工，搭设满堂支架侧墙和顶板同时支模浇筑，侧墙及顶板间不留施工缝。施工工艺流程为：测量定位→绑扎钢筋→支立模板→浇筑混凝土→养护。

侧墙浇筑的过程中进行施工缝和变形缝的施工。本工程顶板及侧墙采用防水混凝土，强度等级为C40，抗渗等级为P8，其他工艺要求与底板相同。

混凝土结构施工按如下要求：侧墙厚度 0.8 m，顶板厚度 1 m，模板均采用 12 mm 厚覆面木胶合板，在浇筑前侧墙与底板水平施工缝处要进行凿毛处理，并用高压水冲洗干净。现场设钢筋加工区，所有结构钢筋现场加工成型，检验合格后使用塔吊吊放至工作面进行安装。直径大于或等于 25 mm 的钢筋的接长采用机械连接接头，并应符合《钢筋机械连接通用技术规程》(JGJ 107—2010)的规定，且接头等级不低于 II 级。焊接接头采用闪光接触对焊，焊接接头应符合《钢筋焊接及验收规程》(JGJ 18—2012)的规定。直径大于或等于 16 mm 的钢筋不应采用绑扎搭接接头。在墙、板节点处，钢筋布置密集，为保证钢筋净距，不宜在该处设置钢筋接头。在钢筋绑扎前应设置具有一定强度的垫块，防止钢筋骨架挠度过大，确保受力主筋的保护层厚度。在模板支撑体系方面，为保证主体结构施工质量并提高施工效率、加快施工进度,根据本工程主体结构特点,本工程顶板及侧墙模板均采用 12 mm 厚覆面木胶合板,支撑体系为碗扣式满堂支架。通道主体结构混凝土构件多为大体积混凝土,必须采取有效措施以减少混凝土的水化热,如添加外加剂、控制水泥用量和控制混凝土入模温度等措施。混凝土的养护应严格按照有关规范、规程的规定进行,在炎热天气下,在基本养护前应进行早期养护,一般在混凝土密实成型后进行 30 min 早期养护,新老混凝土连接面上的养护剂须清除干净,不允许在无覆盖的情况下直接在混凝土表面浇水养护。结构混凝土均应采用商品混凝土,由混凝土输送泵泵送至工作面,由插入式振动器振捣。混凝土输送选用汽车混凝土输送泵,以提高施工效率。施工期间所须防水材料、钢筋、模板和脚手架等物资转运及钢支撑拆除作业水平运输和垂直运输主要采用塔吊进行。

顶板防水施工方面要求如下:在顶板上方铺设 4 mm 厚自黏改性沥青防水卷材防水,然后浇筑 5 cm 厚 C25 细石混凝土保护层。顶板变形缝预设中置式钢边橡胶止水带。中置式止水带需固定于专门的钢筋夹上,水平安装时应成盆形,扎在固定用钢筋框上,防止止水带下面有气泡,造成渗水。变形缝中部填充混凝土接缝密封用 LDPE 嵌缝板(JC/T 2255—2014-Ⅱ型),底部填充 5 cm 混凝土建筑接缝用高模量密封胶,顶板变形缝上部填充 5 cm 混凝土建筑接缝用低模量密封胶。变形缝上方设置 90 cm 宽加强防水层(自黏改性沥青防水卷材)。在变形缝下方设置钢制接水槽,采用 1.5 mm 钢板制作,用 M10 螺栓固定,密封采用 2 mm 厚双组分聚硫密封膏。顶板变形缝防水结构如图 7-11 所示。

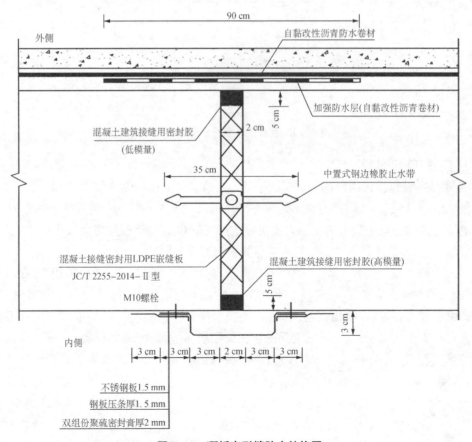

图 7-11　顶板变形缝防水结构图

　　侧墙防水要求如下：在侧墙外侧铺设 4 mm 厚自黏改性沥青防水卷材防水，然后侧墙外侧铺设 5 cm 厚高密度泡沫板。侧墙变形缝预设中置式钢边橡胶止水带。中置式止水带需固定于专门的钢筋夹上，水平安装时应成盆形，扎在固定用钢筋框上，防止止水带下面存有气泡，造成渗水。变形缝中部填充混凝土接缝密封用 LDPE 嵌缝板（JC/T 2255—2014 -Ⅱ型），变形缝内侧填充 5 cm 厚混凝土建筑接缝用高模量密封胶，外侧填充 5 cm 混凝土建筑接缝用低模量密封胶。变形缝外侧设置 90 cm 宽加强防水层（自黏改性沥青防水卷材）。在变形缝内侧设置钢制接水槽，采用 1.5 mm 钢板制作，用 M10 螺栓固定，密封采用 2 mm 厚双组分聚硫密封膏。侧墙变形缝防水结构如图 7-12 所示，中埋式止水带安装如图 7-13 所示。

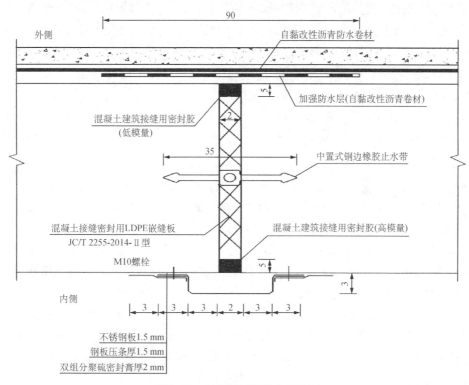

图 7-12　侧墙变形缝防水结构图

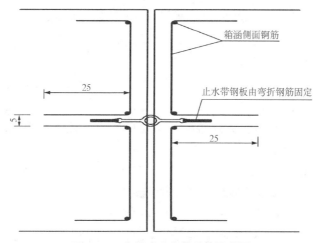

图 7-13　中埋式止水带安装示意图

3. 通道两侧回填

为减少沉降周期,保证道面施工进度,道面以下 X13～X14 节段及 X19～X21 节段处基坑全部使用湿贫混凝土回填,其余节段除底部压路机无法作业的部分使用湿贫混凝土回填外,可采用石方回填。通过运输车、挖机配合振动压路机回填通道两侧的土石方,每层回填厚度 60 cm,共计约 22 层。

7.1.5　2、3 号下穿通道施工

1. 基坑开挖与支护

基坑开挖采用放坡挂钢筋网喷护和放坡土钉墙支护。开挖区域位于原道槽区时,基坑开挖采用放坡土钉墙支护;开挖区域位于原土面区时,基坑开挖采用放坡挂钢筋网喷护。

按开挖深度的不同,放坡分为两种形式:开挖深度小于 11 m 时,第 1 级边坡坡度为 1∶0.75,第 2 级边坡坡度为 1∶1,平台宽度 2.0 m;开挖深度大于 11 m 时,第 1 级边坡坡度为 1∶1,第 2 级边坡坡度为 1∶1,平台宽度 2.0 m。

土钉长度分别为 6 m、9 m,水平间距 1.5 m,竖向间距 1.4 m;孔径 140 mm,采用机械成孔,土钉采用 1Φ22Ⅲ级螺纹钢筋,同层土钉间采用螺纹钢筋横向拉结,间隔布设竖向拉结筋,土钉与横拉筋采用主筋弯折 90°搭接焊。压力注矿渣 P.S.A.42.5♯素水泥浆,水灰比为 0.5。

锚钉长度为 2 m,采用 1Φ22Ⅲ级螺纹钢筋,孔径为 140 mm,机械成孔,注矿渣 42.5♯素水泥浆,水灰比为 0.5;锚钉延坡面三角形布置,间距为 2.0 m。

面板厚度 10 cm,喷射 C20 细石混凝土,内衬 Φ6.5@20×20 cm 钢筋网。地面设拉锚,地锚设在基坑外 1.0 m 处,深度为 2.0 m,间距为 2.0 m,采用 1Φ22Ⅲ级螺纹钢筋。

在坡肩外 1 000 mm 设置高度 300 mm 的挡水坎(砖砌抹砂浆)。

考虑飞行区内限高要求,为满足通道结构分段流水作业,保证在通道施工过程中车辆机械上下坡安全,沿通道方向每隔 125 m 在基坑南北侧坡面设置车辆上下坡道,坡道坡度不大于 7%,宽度为 12 m,坡道两侧坡面支护与基坑支护一致,增加的土方开挖、回填、支护工程量以实际发生为准。

2. 箱涵结构施工

箱涵结构体主要施工流程如下:浇筑底板混凝土垫层→自黏改性沥青卷材防水施工→细石混凝土保护层施工→浇筑底板混凝土→浇筑侧墙(中墙)混凝土→浇筑顶板混凝土→防水层、保护层施工→路面结构施工。

结构的防裂与防水是本工程的重点,因此在施工时必须控制混凝土的浇筑温度,采用先进的模板工艺等措施。施工时按箱涵分布位置分成两个施工队进行施工,按设计文件中每节箱涵长度分别施工,每节箱涵分两步进行施工,第一步施工底板,第二步施工侧墙、中墙、顶板。

每个施工队现场计划配备二套满堂支架,二套侧模、顶模。根据施工进度要求,支架和侧模、顶模在计划配备的基础上现场需储存部分。

混凝土工程的模板采用木胶合板,内、外模均采用后背加设钢管背带形成大块模板以利拼装,尽量减少接缝,美化外露面,模板支架采用装卸方便灵活的碗扣式脚手架。

为确保混凝土工程质量,采用现场拌制混凝土,混凝土罐车运送混凝土,泵送浇筑混凝土。

底板、侧墙、顶板外防水层和保护层、箱涵侧壁回填土方及其他附属工程随箱涵主体进度平行设施。

1) 混凝土垫层、垫板施工

将垫层表面用高压水冲洗干净、不留积水,在垫层表面施工自黏改性沥青卷材防水层、5 cm 厚 C25 细石混凝土保护层。设置底板顶面标高控制桩,在已施工保护层上绑扎底板钢筋,按设计文件预留侧墙、中墙钢筋。经监理工程师验收后浇筑 1.2 m(1.0 m)厚底板混凝土。在浇筑底板混凝土的过程中,在每节箱涵接头处按设计设置防水材料,安装中置式钢边橡胶止水带,并确保稳定可靠,不移位。底板混凝土(按大体积混凝土设施)分层浇筑时,沿施工方向采取分层浇筑,混凝土从一端向另一端阶梯式推进,连续浇筑。浇筑至高程后,于初凝前用平板振捣器振捣密实后进行抹面。在混凝土初凝前做好抹面处理,并及时养护,养护时间不小于 14 d。模板、钢筋、混凝土施工方案与侧墙施工基本相同。

2) 侧墙、中墙、顶板施工

施工前先将接缝处凿毛,清理干净。校正止水带位置,止水带损坏处需及时修补,根据放线位置分层支立模板,绑扎钢筋。

支架。用于箱涵结构混凝土施工的支撑体系计划采用承插型盘扣式钢管满堂架,支架的布置需经计算以确保强度和刚度满足施工要求,计算时考虑到侧墙混凝土侧压力、模板重量、施工荷载(人、料、机等)以及作用于模板支架上的风力及其他可能产生的荷载,立杆采用 Φ60(3.2 mm 壁厚 Q345 钢材)钢管,水平杆采用 Φ48(3.0 mm 壁厚 Q235 钢材)钢管,斜杆和剪刀撑采用 Φ48(3.0 mm 壁厚 Q235 钢材)钢管。模板采用 15 mm 厚胶合板,次龙骨采用 10 cm×10 cm 方木,主龙骨采用 150 mm×75 mm H 型钢(Q235 钢材)。支架纵向间距为 120 cm、横向间距为 120 cm,靠近上倒角处需加密进行加固。

模板。模板采用 15 mm 厚多层胶合板,依据设计图纸加工成大块,现场拼装而成,同时考虑周转使用。侧墙模板采用槽钢或双钢管作为横带,2 mm×50 mm×100 mm 方木作为竖带组合加固,内外模板采用 Φ16 mm 对拉止水螺栓对拉加固(横向间距 45 cm,竖向间距 45 cm),侧墙竖带间距为 45 cm、横带间距为 45 cm,具体布置根据截面尺寸及模板接缝确定。施工前要对模板及横竖向带的强度、刚度进行检算。本工程侧墙混凝土施工中注意混凝土外观质量,各种接缝要紧密不露浆,必要时在接缝处嵌入薄海绵垫或涂刷腻子以消除缝隙。立模前将模板进行打磨、除锈、涂油、试拼;立模时将各种预埋件安装固定。

钢筋。底板防水、保护层施工满足要求后,开始底板钢筋绑扎。底板钢筋绑扎后,按设计文件预留侧墙、中墙钢筋各种钢筋。所有钢筋均按规范要求提前做好各种试验,严格按设计图纸的要求布设,并报请工程师批准,钢筋绑扎、焊接应符合施工规范要求。

混凝土的浇筑。本工程混凝土浇筑量大,采用现场拌制混凝土,混凝土罐车运输,泵送入模,为保证混凝土在凝固时产生较低的水化热,本工程采用水化热较低的水泥。混凝土输送前必须对设备进行检修,确保运行状况良好。

防水混凝土。本工程箱涵结构混凝土设计为 P8 防水混凝土,通过选择适宜的砂石级配,控制水灰比,使细骨料、水泥砂浆紧紧包裹粗骨料,切断混凝土沿石子表面的毛细渗水通道,改变毛细管分布状态,增强混凝土的黏滞性,减少骨料的变位移动,以提高混凝土的整体密实性,并通过试验,确保抗渗等级不低于设计要求。应按要求连续振捣,每层厚度一般为200~350 mm,在下层混凝土初凝前,就接着浇满上一层混凝土。当箱涵中存在预埋件、止水带时,注意其下的混凝土不易振捣,其中的空气不易排出。因此,应在套管底部或板上临时开设施工用的孔。防水混凝土应防止浇筑后打洞,预留孔洞和预埋件应在混凝土浇捣前预留、预埋好。

施工缝的处理。施工缝的位置应在混凝土浇筑之前确定,且宜留置在结构受剪力和弯矩较小并便于施工的部位,施工缝设置成水平面。墙体有孔洞时,施工缝距孔洞边缘不应小于30 cm。主体结构不宜设置纵向施工缝。施工缝设置在高出底板顶面以上50 cm的位置。施工缝处理应满足《地下工程防水技术规范》(GB 50108—2008)及《公路桥涵施工技术规范》(JTG/T 3650—2020)的要求。

混凝土浇筑施工前,施工缝处混凝土表面应清理干净并凿毛,再用水冲洗干净并排除积水,铺以20~30 mm厚比原设计强度等级高一级的水泥砂浆,然后再进行混凝土的浇筑。

在侧墙水平施工缝处埋置钢边止水带,尽量使水平施工缝位置位于止水钢板中间。

止水接缝处理。每节箱涵接头处,按设计规格尺寸制作安装中置式钢边橡胶止水带,将中置式钢边橡胶止水带的下部一半埋设在先浇的混凝土中。在后续浇筑混凝土前,应先清除中置式钢边橡胶止水带和先浇混凝土表面的浮灰杂物,并用水冲干净,保持湿润。后续浇筑混凝土应与已浇筑混凝土预留2 cm间隙(两节箱涵连接处),接缝内密封采用LDPE嵌缝板镶填,内外侧各预留5 cm深缝,采用密封胶(外侧为低模量、内侧为高模量)堵缝,接缝处外侧防水增设90 cm宽自黏改性沥青防水卷材,内侧采用1.5 mm厚不锈钢板盖缝。

混凝土的养护。混凝土浇筑后要及时覆盖养护,保持混凝土表面湿润,壁板采用浇水养护。拆除模板后,为避免阳光直照,应及时覆盖,以防止混凝土干缩和温差裂缝的产生。与普通混凝土相比,防水混凝土对养护的要求有自身的特点,施工时应特别注意。防水混凝土养护的好坏对其抗渗性的影响很大。防水混凝土的水泥用量较多,收缩性较大,如混凝土早期脱水或在养护中缺乏必要的温湿度条件,其后果较普通混凝土更为严重。因此,混凝土浇灌后4~6 h,应开始覆盖并浇水养护。浇捣后3 d内每天应浇水3~6次,3 d后每天浇水2~3次,养护天数不小于14 d。若施工逢冬季需对混凝土要进行保温、保湿双重养护。

3. 通道两侧回填

结构施工完成并具有足够的强度后进行回填施工,回填采用振动碾压或小型压实设备。基坑回填时必须分层填筑、分层压实,经过试验确定最大松铺厚度。道面区在基坑回填过程中,底部难以采用机械压实的区域填筑湿贫混凝土;土基顶面铺筑50 cm厚混石垫层,道肩区铺筑30 cm厚混石垫层。基坑回填压实度按照道槽区压实标准执行。

7.2 施工便道

1号下穿通道中,从施工8号道口进入后(图7-14),在X21节段南北两侧同时向上开便道进入场区,沿通道南北两侧基坑上口线外10 m处由东向西通长修筑施工便道,供通道施工机械、倒运材料使用。便道为清表后压路机碾压而成,宽 8 m,便道靠近基坑一侧高于远离围界一侧,坡度 2%。

围界内土石方工程或其他工程施工时,接通道便道后向场区内延伸,具体便道位置根据现场实际情况而定。洒水车每日不定时沿施工便道洒水降尘,生活区设置洒水车加水点,洒水车加满水后从 8 号施工道口进入场区。进出场区示意如图 7-15 所示。

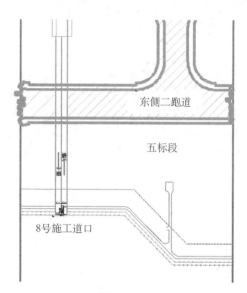

图 7-14

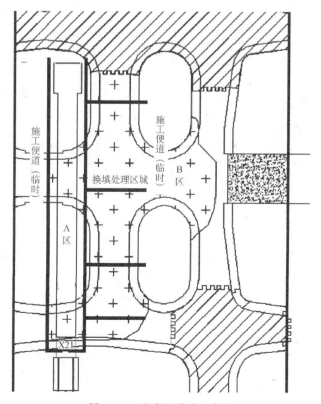

图 7-15　进出场道路示意图

2、3号下穿通道中,由于基坑开挖区域位于飞行区土面区,坑顶处不可设置施工便道及护栏,本次将施工便道设置于基坑底,结合土方开挖进度分段进行施工便道修建。修筑便道前须对沿线松软地基进行处理,并采用机械设备进行整平碾压加固,在坡顶设置反光锥供安全警示。

第8章　飞行区灯光工程不停航施工

8.1　北进近灯光改造工程

8.1.1　北进近灯光带基本情况

19号跑道北进近灯共30排,全长900 m。按照由南向北编号:1号—10号位于现有围界内、11号—30号位于现有围界以外。处于围界外的11号—30号(共20排)灯光均采用塔基(混凝土基础加钢架结构)进行支撑,总长度约570 m,如图8-1所示。

现有跑道北端外380.5 m(垂直于跑道)、现有跑道中心线延长线以东130.5 m(平行于跑道中心线)。因此,11号、12号铁塔属场道五标段,13号—29号铁塔属场道六标段。铁塔平面位置如图8-2所示。

图8-1　北进近灯光带

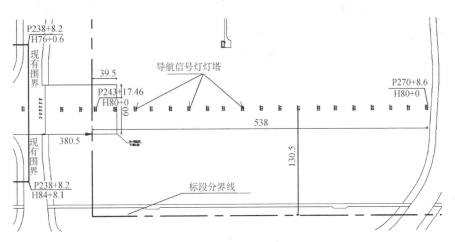

图8-2　铁塔平面位置图

8.1.2　主要问题

在建设过程中,存在的冲突具体为:①新建绕滑的设计高程高于现有西跑道北端进近灯光约8 m;②27号—29号灯塔不满足《民用机场飞行区技术标准》(MH 5001—2013)中进

085

近灯光系统的中线灯和横排灯在跑道入口至 315 m 处以及主光束垂直覆盖范围保持在 0°～11°的要求,即绕滑将遮挡当时正在提供使用的西跑道北端进近灯光,进而影响使用西跑道北端降落的航班(图 8-3)。因此,修建绕滑需要先解决西跑道北端进近灯光被遮挡的问题。为此,结合相关规范以及工程实例,综合考虑了安全与效率,在尽量保证施工期的前提下,提出三种可能的解决方案。

图 8-3　新建绕滑与进近灯光冲突示意图

8.1.3　解决方案

1. 方案一:关闭三座被遮挡灯塔

关闭灯塔对飞行区容量和延误的相应影响需要考虑的主要因素包括:机场多年历史天气条件和周期性变化规律(以能见度为主)、班次分布规律和饱和度(以到达航班为主)、施工周期和时间窗口期选取。结合贵阳龙洞堡国际机场航班分布数据库及历年气象条件(跑道视距和主导能见度参数),详细分析该方案可能对机场运营产生的影响。

对于因关闭部分进近灯光而受到能见度限制影响的航班,根据不同的进近方式,按照最不利情况即所需能见度最大的进近方式 GP INOP/LNAV(需要主导能见度 VIS＝3 400 m)进行统计。结合现有的 2018 年航班统计数据(2018 年 1—11 月)和气象条件资料(VIS/h/d),以小时为基本单元,经统计,全年共有 77 d 存在能见度影响北端进近的问题,受到能见度影响而不能正常在 R19 进行北端降落的航班全年达到 3 393 架(每月受能见度影响航班数量见图 8-4),分别占总降落航班数和总航班数的 4.71％和 2.33％。

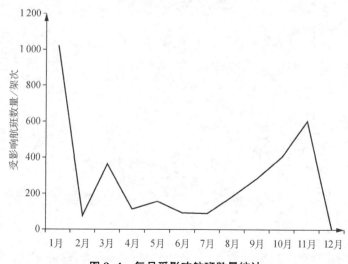

图 8-4　每月受影响航班数量统计

可以看出,秋冬季节(9月至次年1月)受影响航班较多,其中1月受到影响的航班远高于其他月份且占比最高,分别占到全年受影响航班比的30.1%和当月降落航班比的16.2%。由图8-4可见,4月—8月作为一个连续的时间段,是数据低谷,整体受影响航班数总数较少,且该结果恰巧与影响南端起降的风向数据的时间窗口相吻合。

对每天不同时刻受能见度天数情况进行统计,可以得到图8-5所示结果。

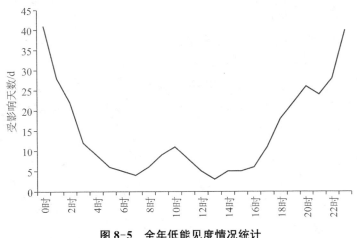

图 8-5　全年低能见度情况统计

由图8-5可知,将全年的能见度情况按照每小时进行分类,呈现的趋势大致与1月的趋势相同,即呈"U"字形。午夜时分能见度不合格的天数达40 d左右。从全年分布来看,4月—8月整体能见度较好,关闭部分进近灯光带对运行的影响相对较小,并且该时间窗口与满足南部起降的风速要求的时间窗口相吻合。从全年的日统计来看,全天无法满足主导能见度条件的情况很少,日间时段的天气情况较好,能见度在每天20时—次日2时的影响较大。

2. 方案二:内移跑道入口

随着绕行滑行道土石方填筑高度的增加,填筑高度已超过北目视助航灯光带最北端铁塔塔顶标高,绕行滑行道的高度将对现有北进近灯光的使用造成影响。该解决方案是将进近灯光系统从最北部的铁塔开始整体向南平移,并将跑道入口内移,以满足进近灯光不被滑行道遮挡的要求。如果选择该方案,应将灯塔顺次后移至少117.5 m,并将跑道入口同样内移至少117.5 m。跑道入口内移如图8-6所示。

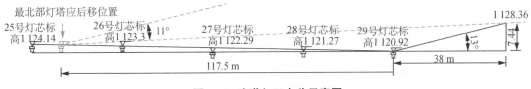

最北部灯塔应后移位置

25号灯芯标　　　　26号灯芯标　11°　　27号灯芯标　　28号灯芯标　　29号灯芯标　　　　　　　　1 128.36
高1 124.14　　　　高1 123.3　　　　　　　高1 122.29　　　高1 121.27　　高1 120.92　　　　　　13°　　7.47

117.5 m　　　　　　　　　　　　　　　　　　　38 m

图 8-6　跑道入口内移示意图

3. 方案三:抬高进近灯光

本方案考虑对受到影响的进近灯塔进行抬高。根据现有进近灯光灯芯标高测算,如要满足相关规范要求,29号灯塔至少需要抬高5.78 m,28号灯塔需抬高4.12 m,27号灯塔需抬高 1.79 m。对此,结合相关规范以及工程实例,提出以下两种详细策略。

(1) 保持连续坡率抬升措施(图 8-7)。

由于贵阳龙洞堡国际机场老跑道的进近灯光系统为 Ⅰ 类精密进近灯光系统,根据《民用机场飞行区技术标准》(MH 5001—2013)的要求,对于 Ⅰ 类精密进近灯光系统,由于地形变化,在距入口 300 m 以内,光中心可以有一段不大于 1:66 的升坡或降坡;在距入口 300 m 以外,光中心可以有不大于 1:66 的升坡或不大于 1:40 的降坡。在全长范围内应尽量避免变坡,而且每次坡度的变化应尽可能小。为了满足降坡坡率要求及避免变坡,可选择将所有灯塔按照同一坡率抬高。在满足最南部灯塔(11 号灯塔)高度保持不变的前提下,11 号灯塔至 29 号灯塔总计抬高为 53.471 m。

根据此方案对进近灯光进行整体性抬高,被遮挡的 3 座灯塔抬高高度满足要求,可保证不被遮挡;降坡坡率为 1:70,整体的进近灯塔也满足 Ⅰ 类精密进近灯光降坡坡率在跑道入口 300 m 外不超过 1:66 的要求。

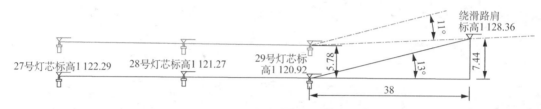

图 8-7 保持连续坡率抬升抬高示意图

(2) 变坡率整体抬升措施(图 8-8)。

由于 11 号—29 号灯塔均处于跑道入口 300 m 以外,所以其极限坡率分别为 1:66 和 1:40。此方案采取一次变坡抬升,29 号—25 号灯塔采用 1:66 升坡坡率抬升,25 号灯塔为变坡点,25 号—11 号灯塔按照降坡坡率 1:44 进行抬升。此时,11 号—29 号灯塔总计抬高为 21.716 m,并且从 25 号灯塔开始的提升幅度都小于 1 m。此方案按照规范极限要求,力求减小工程量,使抬高高度尽量小,相比第一种措施,需要的总抬高高度减小 48%,且满足运行要求,可以通过调节现有灯塔的技术手段实现。

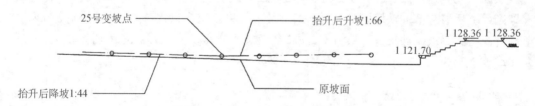

图 8-8 变坡率整体抬升抬高示意图

8.1.4 方案比选

方案一分别从能见度、到达航班、施工窗口期三个方面对关闭三座灯塔的机场运行实际影响进行评估,得出在合适窗口期进行施工时,对飞行标准的具体影响较小,且操作难度低。

方案二将灯塔顺次后移和跑道入口相应内移的措施会减少跑道长度,同时需要对助航灯光、道面标志进行切换调整,修改飞行程序和通信导航,这一策略对贵阳机场运营相关程序和效率都影响较大,操作复杂度高。

方案三保持连续坡率抬升和边坡率整体抬升两项方案的两侧土基标高均超过灯芯抬高后的高度。如果按照此填筑高度,加高部分可使用正常的易折件进行抬高,增加了填方量和工程造价。

经多方研究论证,最终解决方案为关闭西跑道北端三座被遮挡的进近灯。同时,为了将实施方案的影响降到最低,工程针对最终方案,以 2018 年运量为基础,结合贵阳机场最近三年的气象数据进行了统计分析,并确定了受能见度影响最小的关闭窗口期:4 月—8 月。最终受到能见度影响而不能正常在 R19 进行北端降落的航班全年约达到 2 250 架次,占施工期间总比的 2.5%。

8.2　东跑道进近灯光钢结构桁架建设工程

8.2.1　进近灯光工程基本情况

贵阳龙洞堡国际机场位于云贵高原东部,平均海拔 1 138 m,地形为破碎高原和山地,高差起伏大。贵阳机场三期扩建工程飞行区等级指标 4E,新建东跑道长 4 000 m,距老跑道中心线 365 m,双向均设置Ⅰ类精密进近系统。新跑道南端和北端的进近灯光系统均应以 30 m 间距延伸到距跑道入口 900 m 处,跑道两端进近灯光带覆盖范围与跑道的最大高差均超过 25 m,远低于跑道入口所在平面(图 8-9)。其中,新跑道南端 360~720 m 范围内,进近灯光带需跨越两座单向三车道的公路高架桥、一条双向四车道的越绕城高速和一条宽约 10 m 的人工河;新跑道北端 540~900 m 范围内,进近灯光带需跨越一条宽约 20 m 的河流——芹菜河。公路高架桥和绕城高速车流量较大,南北端河流均正常走水。高填方区域复杂的地形和大量的在用设施,使得新跑道进近灯光建设和协调难度较大。

图 8-9　新建跑道端构造与设施

8.2.2　高填方区域进近灯光带设计方案

1. 构型比选

新跑道进近灯光带所覆盖的高填方区域涉及高速公路、高架桥、河流等复杂构造,进近灯光的建设主要面临两个问题:所影响道路交通量大,并且高速公路刚修建完成,道路改线困难;对所影响道路和河流进行改造,会显著提升工程量、工期和造价。

为此,对各种高填方区域进近灯光带构型进行比较,对比结果如表 8-1 所示。

表 8-1 高填方区域进近灯光构型对比

构型	工程量	施工难度	工期	造价	对原始地形的影响	组织协调难度	灯具维护难度
高填方	大	小	长	高	大	大	小
独立灯塔	小	一般	小	低	大	大	大
混凝土桥	一般	大	长	一般	小	小	小
塔架＋钢桁架廊桥	小	一般	小	低	小	小	小

由表 8-1 可知,高填方区域进近灯光带的不同构型具有各自的特点,其中,"高填方"构型适用于施工时间充裕、预算充足且不影响已有设施的情况;"独立灯塔"构型适用于工期紧张且不影响已有设施的情况;"混凝土桥"构型适用于耐久性要求高、施工时间充裕且跨越已有设施的情况;"塔架＋钢桁架廊桥"构型适用于各个方面均要求严格的情况。考虑到新跑道进近灯光带覆盖区域的复杂性,"塔架＋钢桁架廊桥"构型的高填方区域进近灯光带构型在本工程的各个方面均有较好的表现,因此,选取该构型进行进近灯光建设。

2. 参数设计

1) 标高

"塔架＋钢桁架廊桥"构型标高受到两个方面的限制。

(1)《民用机场飞行区技术标准》(MH 5001—2013)规定:灯具的光中心应尽量与跑道入口灯的光中心保持在同一个水平面上,在距入口 300 m 以外,光中心可以有不大于 1∶66 的升坡或不大于 1∶40 的降坡;灯具光中心形成的平面在其距跑道入口 960 m 及两侧距跑道中线延长线各 60 m 的范围内,不应有突出于其上的物体。

(2) 钢桁架下弦底面标高应比其正下方公路高架桥面标高高出至少 4.5 m。

此外,在上述限制的基础上,"塔架＋钢桁架廊桥"构型的标高应尽可能低,以减少工程量和造价。结合新跑道两端地形标高,确定高填方区域灯具光中心标高为:距跑道入口 510 m 处,灯芯标高 1 134.700 m;北端,距跑道入口 570 m 处,灯芯标高 1 129.400 m,其余灯芯标高均按 1∶40 的降坡递减。此外距跑道南端入口 390 m、420 m、450 m、480 m 处的灯芯标高分别为 1 135.367 m、1 135.200 m、1 135.033 m、1 134.867 m。

为降低塔架和钢桁架的高度,并满足相应规范要求,灯具下加装 13.5 m 高的易折杆件。考虑运行维护时钢桁架廊桥对维护人员和设备的通过性能的要求,拟定钢桁架廊桥横截面高度为 3.5 m。

2) 荷载

"塔架＋钢桁架廊桥"构型进近灯光带的荷载包括以下部分。

(1) 恒载。结构(塔架、桁架、易折杆)自重:由计算程序按截面自动计入;检修通道自重为 0.8 kN/m²。

(2) 活载。检修走道为 0.5 kN/m²。

(3) 自然荷载。基本风压为 0.3 kN/m²;基本雪压为 0.2 kN/m²;设计地震作用为 6 度 (0.05g);温度为 (15±10)℃,温差为 ±30℃。

3）支座位置

支座（塔架）设置原则包括以下方面。

（1）在满足结构安全的条件下，支座（塔架）的数量应尽可能少，即钢桁架廊桥跨度应尽量大。

（2）支座位置应避开已有设施和复杂地形。

（3）塔架高度之和应尽量小。

根据高填方区域地形特点，应避开高速公路、高架桥和河流等已有构造，确定南进近灯光带高填方区域"塔架＋钢桁架廊桥"为 7 跨，北进近灯光带高填方区域则为 5 跨（图 8-10），塔架及桁架参数见表 8-2。

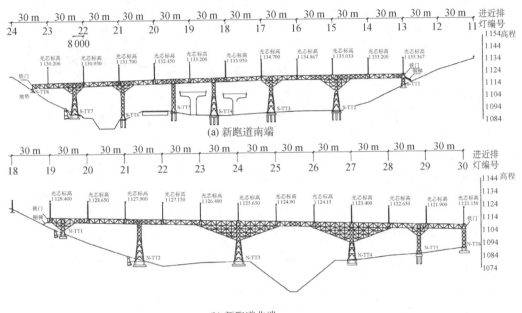

(a) 新跑道南端

(b) 新跑道北端

图 8-10　塔架及桁架示意图

表 8-2　塔架及桁架参数表

南进近灯光带			北进近灯光带		
塔架名称	塔架高度/m	桁架跨度	塔架名称	塔架高度/m	桁架跨度
S-TT1	4.19	1—2 跨度 57 m	N-TT1	8.10	1—2 跨度 61 m
S-TT2	25.00	2—3 跨度 55 m	N-TT2	28.25	2—3 跨度 79 m
S-TT3	25.60	3—4 跨度 48 m	N-TT3	27.50	3—4 跨度 90 m
S-TT4	26.14	4—5 跨度 34 m	N-TT4	24.60	4—5 跨度 54 m
S-TT5	21.56	5—6 跨度 43 m	N-TT5	17.10	5—6 跨度 36 m
S-TT6	26.06	6—7 跨度 41 m	N-TT6	13.40	—
S-TT7	22.00	7—8 跨度 35 m			

注：S-TT1 塔架距离跑道南端 390 m，N-TT1 塔架距离跑道北端 350 m。

4) 结构计算

本工程涉及机场运行安全,参考现行建筑规范,结构重要性系数取为1.1。根据现行钢结构相关规范,对塔架和桁架的详细结构进行设计。考虑荷载、结构、材料等因素,由《建筑结构荷载规范》(GB 50009—2012)确定不同荷载效应组合,利用3D3S14.1.3软件进行塔架和桁架的有限元模型构建。通过考虑不同荷载工况和组合,施加节点荷载和单元荷载(图8-11),对各构件内力(轴力、剪力、扭矩、弯矩)、各节点位移、应力比(强度应力比、整体稳定应力比)进行计算。根据计算分析模型,进行规范检验,结果表明,新跑道南端钢架结构的应力比最大值为0.87,新跑道北端钢架结构的应力比最大值为0.85,南北进近灯光带高填方区域的塔架和桁架结构均能够满足承载力要求。

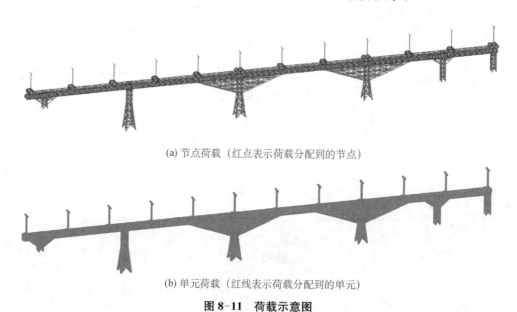

(a) 节点荷载(红点表示荷载分配到的节点)

(b) 单元荷载(红线表示荷载分配到的单元)

图8-11 荷载示意图

8.2.3 高填方区域进近灯光带施工方法

1. 塔架

安装四基支撑塔架,塔架采用分片吊装的方式,先将塔件四个面分段地面拼装完成。钢柱吊装前,在构件表面标出安装用的控制线作为校正的依据,同时钢柱每校正好一根则与前根钢柱用横撑、柱间支撑等连接并固定。吊机平面布置如图8-12所示。

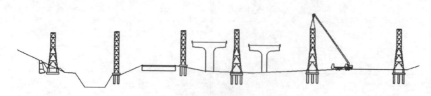

图8-12 吊机平面布置示意图

吊装采用斜吊法及旋转法相结合,吊带与钢构件固定牢固,保证钢构件吊装过程中不产生滑移。钢构件使用双向缆风绳固定,以便吊装期间地面施工人员用于调整钢构件方向。汽车吊旋转半径范围内，做好警示标志，拉好警戒线，专职安全员现场旁站，非施工人员禁止入内。准备工作完成后，汽车吊将吊装设备垂直吊离地面 0.2 m 时，进行试吊，确认吊机稳定可靠后，由专职起重工指挥，吊机开始缓慢回转至就位位置，由安装人员先将钢柱脚螺栓孔插入预留螺栓，回转吊臂，使钢柱头大致垂直后初步对中，即对定位螺栓进行拧紧、焊接对接位置。钢塔架底部第一节杆件安装完成，且高空作业人员 3 人安全带、安全帽等防护劳保用品佩戴齐全后，开始登高作业，地面作业人员佩戴安全帽，将下次要吊构件使用缆风绳固定，当钢构件离地后，控制缆风绳防止构件晃动。后续依次按照杆件吊装顺序安装。

安装完后，校正钢塔架垂直度。先检查钢柱脚的轴线，使其达到规范的要求，再检查标高，钢柱的标高可以用垫板控制，垫板应设置在靠近地脚螺栓的钢柱底板加劲板下。

2. 钢桁架

塔体顶部钢桁架吊装采用 220 t 汽车吊，钢桁架连接为焊接。

1）临时支撑及临时拉线安装

由于施工场地狭小，为尽量减小后期吊装跨公路桥桁架的施工难度和施工风险，前期选用 50 t 吊车将在跨公路桥及绕城高速主线正上方的桁架部分安装完成。

按照与塔架相同的安装方式，安装临时支撑及拉线，所有吊装作业采用散件拼装方式，用 50 t 汽车吊分别施工，根据小件吊装位置机动调整定吊车地点，整体吊装过程远离高架桥及绕城高速主线。

塔 1 和塔 2 之间跨度中到中为 41 m，塔 1 和塔 2 使用临时措施先各安装 10 m 桁架，再安装中间 21 m 钢桁架，同理塔 2 与塔 3 位置也采用增加临时支撑方式，位置如图 8-13 所示。

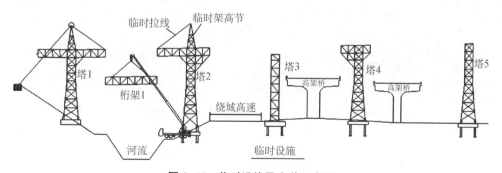

图 8-13　临时设施及安装示意图

2）安装工序

地面焊接标准段→标准段吊装高空对接→继续吊装标准段（左右对称安装）→接头位置防腐或栓接→临时措施拆；拆除临时拉线→拆除架高塔架→恢复场地。

吊装顺序示意如图 8-14 所示。

依次类推，总吊装完成如图 8-15 所示。

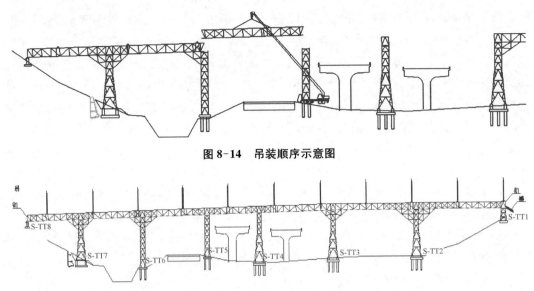

图 8-14 吊装顺序示意图

图 8-15 总吊装完成示意图

3）大跨度钢桁架吊装

新跑道北端钢桁架吊装与新跑道南端钢桁架类似，但新跑道北端 N-TT3 到 N-TT4 塔的中到中跨度为 90 m，中间桁架吊装约 60 m，需双吊车同时抬吊作业（图 8-16）。双机抬吊时，控制起重机负荷量不得超过起重机自身额定起重能力的 80%，并严格统一起升速度和同性质动作，从而保证双机抬吊作业的水平度。

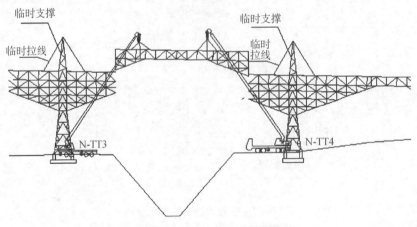

图 8-16 双吊车抬吊示意图

8.2.4 高填方区域进近灯光带维护方法

《民用机场助航灯光系统运行维护规程》（AP-140-CA-2009-1）对进近灯光的检查维护做了规定（表 8-3），进近灯光灯具检查维护较为频繁，对"塔架＋钢桁架廊桥"构型进近灯光带维护方法提出了较高的要求。

表 8-3　　　　　　　　　　　　　进近灯光灯具检查维护要求

检查维护内容	频率
检查灯具发光情况并进行维护	每日
目视检查并调整灯具的安装角度	每日
清洗灯具玻璃罩	每月
仪器检查并调整灯具的直线性和安装角度	每月
检查并维护灯具外部结构	每半年
检查并维护顺序闪光灯的户外控制箱	每年
目视检查并维护灯具的机械结构和光学部件	不定期
特殊原因进行的检查维护	不定期

在进行高填方区域进近灯光带设计时,已将检查维护人员作为活载施加到结构上,并将钢桁架廊桥高度设为 3.5 m,廊桥内部设护栏和钢格栅板焊接而成的栈桥走道板,作为进近灯具检查通道(图 8-17)。进近灯具易折杆与钢桁架上弦连接位置设置检修平台(图 8-18),检修平台与廊桥内部走道间通过钢爬梯连接。

灯具维护时,检修人员可由钢桁架廊桥两端设置的铁门进入,沿栈桥走道行至待维护灯具下方,由钢爬梯上至检修平台,在检修平台上进行灯具维护。相较于独立灯塔构型,钢桁架廊桥的进近灯光维护方法减小了爬上爬下和高空作业的风险,保障了灯具检查维护工作的顺利开展。

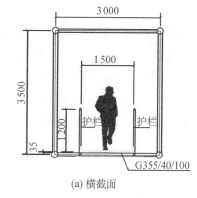

(a) 横截面

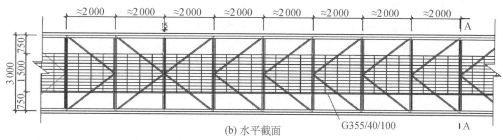

(b) 水平截面

图 8-17　廊桥构造(单位:mm)

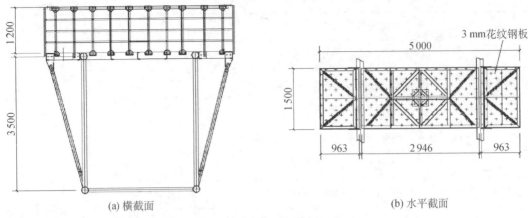

(a) 横截面   (b) 水平截面

图 8-18　检修平台(单位:mm)

8.3　灯光线缆铺设

8.3.1　电缆保护管铺设

1. 顶管施工

1) 工艺流程

牵引管机械机位→牵引管定向导向→牵引管定向扩孔→管道焊接→牵引管铺设→管头封堵及场地平整→牵引机械设备退场。

2) 施工要点

施工前应沿管线走向做地质探测,探明管线经过的地方有无电缆等设施,如有则应采取措施提前避让或者换位置进行牵引;工程施工前应将管材焊接好后按所需长度运至现场;在钻孔和扩孔的过程中应注意导向正确,使钻杆按设计轨迹钻进;在扩孔时应保证连续作业,穿越道面时的管孔不宜过大,防止因管孔过大而导致道面塌陷;扩孔成形牵引拖管时应注意将拖管头和实用管道焊接牢固,防止在回拖中脱管;实用管道下应多垫圆滚,以减少牵引阻力和管材磨损。顶管原理示意及过道面顶管平面布置如图 8-19 和图 8-20 所示。

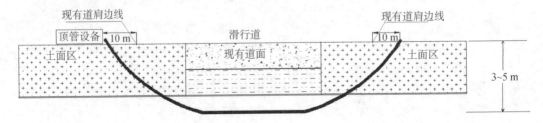

说明:顶管具体深度根据现场土质情况而定。

图 8-19　顶管原理示意图

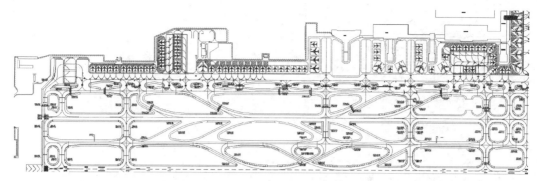

图 8-20 过道面顶管平面布置图

2. 老道面切槽

1) 施工流程

线路测量放线→切槽及清缝→二次电缆嵌设→压泡沫条→灌道面密封胶。

2) 技术措施

灯具定位后沿现道面板缝到灯箱位置间的最近走向切槽,切槽深度和宽度须满足设计图纸要求。切槽完成后马上进行槽内的清洁和烘干,保证施工时间。

二次电缆的嵌设后上面部分留够泡沫条和道面密封胶的安装位置。槽内道面密封胶浇灌略低于道面高度。

3. 新道面基层切槽

1) 施工流程

管路测量放线→管线切槽→沟槽清理→管路垫层施工→管道安装→管道混凝土包封。

2) 施工要点

管道铺设前必须将沟底清平整,确保管道完全紧贴沟底,管道铺设好后在沟的两侧用钢钉将管道固定在沟槽的中间位置,管道两端及时进行封堵,防止杂物进入管内。施工案例如图 8-21 所示。

4. 深桶用电缆保护管水稳层切槽铺设

1) 工艺流程

管路测量放线→管路切槽→沟槽清理→管路垫层施工→管道安装→管道混凝土包封。

2) 施工要点

当基层碾压完成并达到其强度要求后,先根据设计图纸进行灯具和隔离变压器箱的定位,再将灯具与隔离变压器箱的中点连成一条直线,以直线为中轴线根据保护管外径尺寸分别往两侧平分并沿线做点,最后用墨斗弹切割线。如切槽宽度和深度不够则重新切割,然后用空压机剔除基层混凝土。

管道铺设前必须将沟底清平整,确保管道完全紧贴沟底,管道铺设好后在沟的两侧用钢钉将管道固定在沟槽的中间位置,管道两端及时进行封堵,防止杂物进入管内。

沟内采用 C15 混凝土回填,并必须用震动器捣实,注意加强养护,确保回填质量。

图 8-21 施工图例

8.3.2 灯光一、二次电缆铺设

施工前需要准备空压机、轮滑组、卷扬机等设备,以及砂、砖等辅材。

1. 一次电缆穿管铺设流程及注意事项

1)工艺流程

电缆清盘及电气测试→保护管清理→引线穿管→电缆穿管铺设→电缆挂牌→孔洞封堵管沟回填夯实。

2)施工要点

本次机械牵引动力设备采用自带动力的卷扬机;电缆开始牵引时满足电缆最小允许弯曲半径为 15D,最大牵引力不得超过电缆最大牵引强度;电缆铺设到位后立即封头,以免受潮,电缆两端须挂标志牌,并做好隐蔽记录。

2. 一次电缆直埋铺设流程及注意事项

1)工艺流程

测量放线→电缆沟开挖→垫砂→电缆铺设→铺砂盖砖→电缆沟回填。

2)施工要点

根据施工图纸要求,在施工现场测量出电缆埋设路径,并用白灰做出标识。

(1)电缆沟开挖:施工前根据图纸,查明施工位置的电缆数量,根据电缆根数确定开挖宽度,1~2 根底宽度不应小于 0.4 m,每增加 1 根加 0.17 m(电缆根数+1),飞行区内埋深 0.8 m,飞行区围界外埋深 1 m,沟底平整,沟壁无大石或尖锐物体。

(2)电缆铺设时排列整齐,电缆与电缆的间距为 10 cm;转弯处电缆的弯曲半径不得小于 20D;电缆在进入灯箱的位置盘留 1.5 m(不含进入灯箱的部分)。

（3）电缆铺设完毕后在电缆上铺不小于 10 cm 的细砂,并在铺好的细砂上盖砖保护,盖砖要求一砖挨一砖,排列整齐。

（4）做好接地电阻,本次回路接地电阻不大于 10 Ω,测试并做好记录。

（5）电缆铺设完毕后,铺设路线、穿管位置等应采用打桩等方式进行明确标记。

3. 二次电缆铺设流程及注意事项

1) 工艺流程

剥线绑扎球头→球头放入二次开挖→开启穿压机穿线→线路整理。

2) 施工要点

空压机穿线在整个穿线过程中比较简单,空压机穿线时,线缆应避免交叉;在准备工作完成后,空压机调至高速,空压机只工作 1 min 即可完成穿线作业。

8.4　站坪照明工程

8.4.1　高杆灯安装

1. 工艺流程

基础预埋件的整理→杆体的分节套接→穿入钢丝绳和电缆→头部安装→吊装→杆体的垂直度调试→接通电源→灯盘安装与调试→安装灯具及栏杆→调试。

2. 施工要点和技术措施

1) 基础及预埋件施工

（1）基坑开挖:按施工图定位,等待半刚性基础施工完后,再使用人工挖方,按 1∶0.33 放坡开挖基坑。基坑开挖完后周围采取围栏防护,以确保安全。每座高杆灯单独一组重复接地。

（2）固定地脚螺栓:先将锚板点焊在两根 DN25 的镀锌钢管上,镀锌钢管呈"八"字形放置,然后再将锚板与镀锌钢管焊接成的整体与高杆灯基础钢筋固定,最后穿地脚螺栓。

（3）预埋电缆保护管,制作安装接地极和接地母线焊接,测试接地电阻不大于 10 Ω。

2) 杆体的套接

在开始套接前,应将一根长度大于杆高的细钢丝或铁丝自电气门穿入杆体内,作为以后穿钢丝绳和电缆的引导,穿钢丝或铁丝的工作应与套接杆体同步进行(图 8-22)。

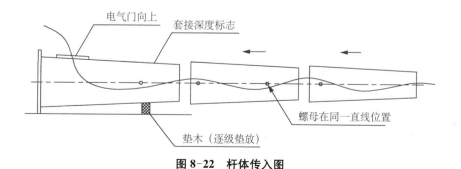

图 8-22　杆体传入图

套接自杆体的最下节开始，逐节向上进行。

在上、下两节杆体的两侧螺母上拧上螺栓，按图8-23在杆体两侧安妥拉紧钢丝绳和手拉葫芦。

分别在杆体两侧同时收紧手动葫芦，直至达到套接深度标志。按上述步骤和方法，依次套接其他单节杆体（图8-23）。

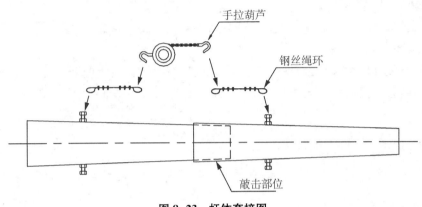

图8-23　杆体套接图

3）穿钢丝绳和电缆

穿钢丝绳和电缆如图8-24所示。

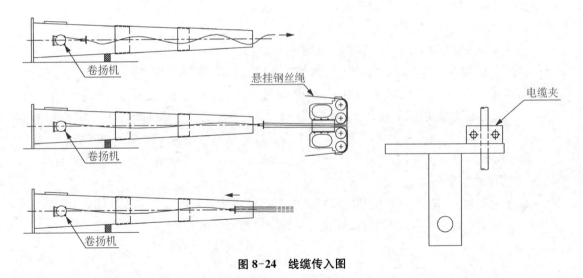

图8-24　线缆传入图

4）头部安装

将紧定螺栓拧在头部套筒的螺母上，用吊车吊起头部，套入杆体。头部附有电缆滑轮的一侧位置应与电气门在同一方位（图8-25）。最后，在头部上安装防雨盖、避雷针并接上跨接线。

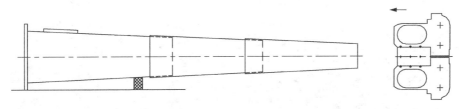

图 8-25　头部安装图

5）吊装

在吊装过程中由现场负责人统一指挥,确保灯杆吊装全过程安全可靠有序。经纬仪、靠尺检验垂直度,允许偏差:升降式 $2H/1\,000$(H 为灯杆高度,单位为 mm)。

6）穿电缆

穿电缆之前,应先穿入引导用钢丝或铁丝。在杆体前端或灯盘电缆进线孔处,将引导铁丝与电缆缠绕固定,拉动引导铁丝,配合电缆的送入,将电缆穿入杆体内。

7）灯具安装

在灯盘的预定位置上安装灯具,接线,送上电源,进行亮灯 24 h 试验。

8）栏杆安装

高杆灯外部设置 SC80 钢管制作的防护栏,防护围栏上涂黄黑相间的反光漆(图 8-26、图 8-27)。

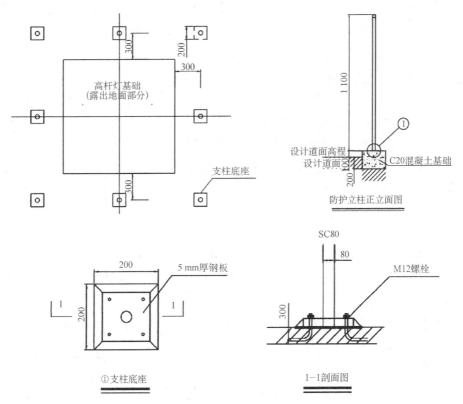

图 8-26　高杆灯基础图(单位:mm)

图 8-27　现场施工图

8.4.2　照明要求

对于自滑进顶推出机位,在机位前端设置升降式照明灯塔;对于自滑进自滑出机位,在机位侧边设置升降式照明灯塔。升降式照明灯塔向使用机坪的工作人员提供一般照明,机坪照明的平均照度要求如下。

(1) 机位上:①水平照度——不低于 20 lx,均匀比不大于 4∶1;②垂直照度——在有关方向上高出机坪 2 m 处,不低于 20 lx。

(2) 停机坪其他地区。另在 T3 航站楼、机坪变电站、货运站内设置多间机坪照明监控室,共计 8 间,内设机坪照明监控系统,该系统可对升降式照明灯塔进行灵活的控制管理,工作人员可在机坪照明监控室内集中管理机坪照明系统。

在升降式照明灯塔顶端设置障碍灯,障碍灯的控制分别纳入机坪照明监控系统和光控开关控制系统。

8.4.3　灯光系统调试

本工程调试工作主要包含高杆灯调试、成套机务配电亭调试及整体调试。所有调试都必须先将调试实施方案报监理、业主,经相关单位审核批准后方可实施。

1. 高杆灯调试

升降试验:用秒表测速,做升、降坠落制动试验时,以模拟断绳方法进行,测量坠落距离,其距离以不大于 1 m 为满足要求,制动过程中应平稳、不损坏盘和灯具,无任何零部件坠落。

照度测试:在高杆灯安装工作结束后,在夜间对高杆灯进行通电,用照度计测量设计要求照射机位范围内的光强照度。以高杆灯为中心,向前 50 m,左右各 25 m,画正方形的网格图,每格 2 m,取对称点进行检测,然后取平均值(图 8-28)。

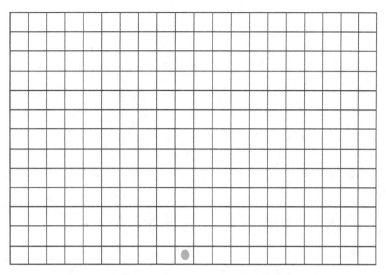

图 8-28 高杆灯照度测试网格图

以照射机位的任何位置的照度大于 30 lx,同时各点测量值的均匀比不小于 4∶1 为符合要求。

2. 成套机务配电亭调试

送电前的检查:检查配电亭内所有接线端子的螺栓紧固情况,并用起子再分别紧固一次;检查所有断路器及插座的接线是否与设计图纸完全相同,并使所有断路器处于断开位置。用 500 V 兆欧表在端子板处测试每条回路的绝缘电阻,绝缘电阻必须大于 0.5 MΩ。

送电后的检查:配电亭在以上检查都合格后方可送电,用万用表测试进线端子线间电压、相间电压、三相电压平衡情况。正常后分别将各断路器投入合闸位置,测试断路器出线端的线间电压、相间电压、三相电压平衡情况等。

3. 整体调试

以上单体调试合格后,使配电亭、高杆灯和机位标记牌等全部处于工作状态,测量组合配电箱内的工作电压及工作电流情况,观察高杆灯、机位标记牌的工作情况。用障碍物堵住光控开关采光点(模拟黑夜),观察光控开关动作情况。最后,使配电亭、高杆灯和机位标记牌等全部处于工作状态,进行历时 24 h 的试运行,观察有无异常现象。

第9章 飞行区安防工程不停航施工

9.1 飞行区道口

在现有飞行区接壤的不停航施工区,飞行区项目部有五个标段需要施工,施工区需要安排保安队员进行 24 h 值守,全面施工时按"两班倒"模式值守,每个标段施工现场需要 20 名保安队员,五个标段共需要 100 名保安队员。如不及时开设施工道口,则每天早晨运行保障的高峰时间,现有道口将额外增加 200 人、39 辆车的过检量,也将给飞行区的正常运行带来较大压力,并直接导致进入飞行区的时间增加、效率降低。此外,施工车辆携带土石在飞行区内的行驶路线较长,也将增大 FOD 风险。

为降低施工车辆进入运行区域造成外来物侵入风险,同时将施工人员控制在相应的施工区域内,减少其在飞行控制区的活动范围,在新建的临时围界上开设 4 个临时道口,西侧机坪处 1 个(与跑道南端的水平距离 425 m 处)、跑道东侧围界南端 1 个(与跑道南端的水平距离 1 040 m 处)、跑道东侧围界中部 1 个(与跑道南端的水平距离 1 600 m 处)、跑道东侧围界北段 1 个(与跑道南端的水平距离 2 120 m 处),如图 9-1 所示。施工车辆及人员进入相应标段施工只能就近由相应道口进入,未经允许不得穿越飞行区的运行区域。

临时道口设置守卫值班室,配备通信、照明灯等设施;临时道口的大门向飞行区外侧开启,高度不低于 2.5 m,大门下框距地面的高度不大于 5 cm,并确保门及门垛安装坚固;临时道口前设置车辆阻挡装置,防止非授权的车辆进入飞行控制区,并在飞行区内沿途设置相应警示标志。临时道口派员 24 h 值守,设置有效的安全保卫设施,防止未经授权和安全检查的人员或物品进入。

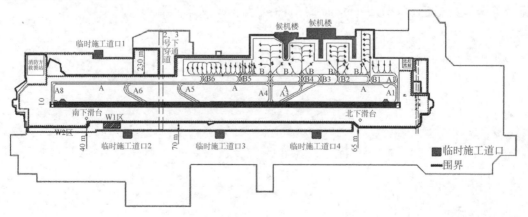

图 9-1 道口布置图

9.2 围界

9.2.1 围界倒改总体方案

围界倒改后可以确保新建平行滑行道和西机坪的施工操作面,将施工区域与航空器运行区域分隔,避免造成影响航空器运行的情况发生,同时确保下滑台和航向台的电磁环境正常,如图 9-2 所示。围界倒改情况如下。

(1)西机坪围界(向外倒改)。西机坪道面施工由西向东推进,在现有围界向外倒改(即向西侧倒改)130~230 m。

(2)跑道东侧下滑台保护区外围界(向外倒改)。01 号跑道下滑台保护区处围界向东侧倒改,外移 40 m,倒改后的临时围界距离现有跑道中心线 240 m,下滑台保护区全部位于临时围界内。19 号跑道下滑台保护区处围界向东侧倒改外移 65 m,倒改后的临时围界距离现有跑道中心线 269 m,下滑台保护区全部位于临时围界内。

(3)跑道两个端头的围界(向外倒改)。01 号跑道端头围界不涉及倒改,维持现有围界不变。19 号跑道端头围界外移 220 m。

(4)跑道东侧(除下滑台保护区域外)围界(向内倒改)。现有围界向跑道方向倒改,倒改至距现有跑道中心线 150 m 处。

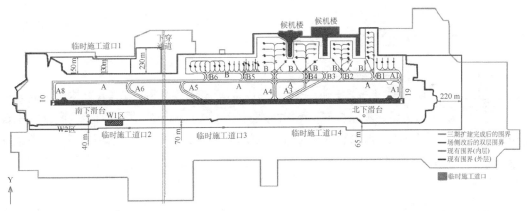

图 9-2 围界布置图

9.2.2 围界倒改施工流程

围界倒改采取"先修建、再验收、经批准、再连通"的原则开展,即在临时围界修建完毕且经验收合格、确认围界满足安保要求后,再进行新旧围界衔接处的连通及旧围界的拆除工作。将围界倒改工程根据施工顺序和施工内容分为三个阶段。

1. 一阶段施工流程

一阶段施工流程主要为地下管线的探查及改迁。采用多种手段进行地下管线的探查工作,充分掌握管线分布及走向情况。对于重点部位采用人工开挖探沟的方法,明确管线与基坑、管线与管线的具体位置;开挖过程中须谨慎小心,使用铁锹缓慢开挖,不得使用尖锐工具;发现土质发生变化时应用工具将覆盖物清除干净,以保证探沟不损坏地下管线。开挖过程中,发现地下管线时要及时报告施工现场的管理人员,在施工现场管理人员的管控下扩大开挖范围,探明管线的种类、规格、根数、走向和深度并进行详细记录。同时,要清理周边大块石、渣土块,用细土拖住管线底部,不得使管线悬空,上部及时使用钢板覆盖,并在附近用彩旗标记,派专人负责重点监控和防护。及时查明探查到的管线产权单位,并做好确认记录。同时协商管线保护方案及改迁方案。

2. 二阶段施工流程

二阶段施工流程主要为飞行区内排水系统的处理。由于现有跑道东侧排水沟距离跑道中心线 152.7 m,围界倒改后跑道东侧下滑台保护区处排水沟仍然位于临时围界内。需要妥善处理围界范围内的排水系统问题,保留现有排水沟,为现有排水系统设施做好防护工作,同时在新建临时围界基础底部每隔 50 m 建安全出水口,并建立出水口与外界排水系统的临时连接,以确保贵阳机场在扩建期间排水顺畅。避免施工导致机场飞行区出现排水故障,保证不停航施工期间飞行区的正常运行。

3. 三阶段施工流程

三阶段施工流程主要为巡场路及围界的迁移和拆除,新建巡场路的道面强度和转弯半径能够满足保障车辆的正常运行;消防车辆通行的部分,其道面强度和转弯半径可确保消防车的顺利通行。妥善处理好新建临时围界、新建永久围界和现有围界的关系,保证施工期间飞行区运行的安全与效率,并确保围界倒改后的围界系统正常运行,能有效分隔飞行控制区与公共区域。

9.2.3 各分项工程的围界倒改方案

1. 改扩建工程 FXQ-CD-001 标段

FXQ-CD-001 标段(1 标段)施工内容主要为标段范围现有围界迁移,具体包括新建围界 2 372 m(单层),新建巡场路 2 372 m,拆除现有围界 2 331 m(双层),围界倒改施工平面如图 9-3 所示。围界倒改采用和现有飞行区内层围界型号规格相同的塑钢围界,蛇腹滚网同样采用和现有蛇腹滚网规格型号相同的材料。新建巡场路采用 C25 碾压混凝土施工,宽度为 4.5 m,厚度为 20 cm。为防止安防系统倒改后难以保证系统正常运行,在围界倒改时不对围界安防系统进行倒改。临时围界运行期间,由施工单位派遣安保人员全天候巡视检查,确保机场空防安全。机场排水系统不进行倒改,做好现场原有排水系统的保护工作。

由于飞行区西侧现有钢丝网围界距其平行滑行道仅 57 m,在距滑行道中心线安全距离(47.5 m)范围内不得存在影响航空器滑行安全的设备、人员或其他堆放物。为确保飞机在平行滑行道上滑行时的翼尾安全,围界倒改施工方案为将西侧现有钢丝网围界外移 40 m,保证飞行器滑行安全。同时,1 号跑道入口以北 360 m 为下滑台,下滑台距离现有跑道中心线 120 m,因此下滑台保护区内钢丝网围界倒改采用外移的方式,外移距为 30 m,下滑台保护区以外围界采用内移方式,内移至现有跑道中心线以东 100 m 的位置,保证飞行区运行安全和施工工程效率。

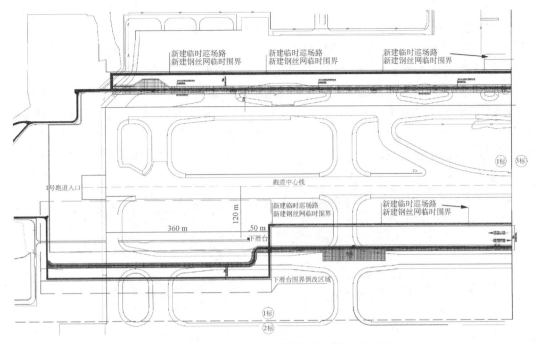

图 9-3　FXQ-CD-001 标段围界倒改施工平面图

2. FXQ-CD-003 标段围界倒改

FXQ-CD-003 标段（3 标段）施工内容为标段范围现有飞行区东侧围界倒改，包括新建围界 687.12 m（单层），新建巡场路 687.12 m，拆除现有围界 187.12 m（双层），拆除现有巡场路 187.12 m，围界倒改施工平面图如图 9-4 所示。为确保围界和围场路倒改后，飞行区排水泄洪畅通，在围界倒改施工时，围界基础硬化时每 3 m 的围界网片中部预留 30 cm 作为排水口。由于新建平行滑道道投入使用后要满足安全距离要求，同时在滑行道西侧安全距离以外还需留置 10 m 范围设置巡场路和围界，并考虑下穿通道箱涵结构距离，将围界倒改至距现有跑道中心线 100 m 处。

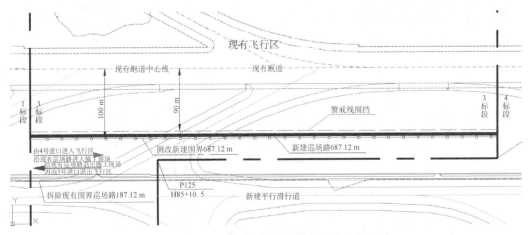

图 9-4　FXQ-CD-003 标段围界倒改施工平面图

3. FXQ-CD-004 标段

FXQ-CD-004 标段（4 标段）施工内容为标段范围现有围界迁移，新建围界内移 1 731 m（双层），外移 70 m，新建巡场路 1 735 m，拆除现有围界 1 654 m（双层），如图 9-5 所示，新建机场进出口安防门一座，方便进入机场内施工。由于新建滑行道紧邻现有飞行区围界，新建滑行道中心线距现有飞行区外层围界只有 17.9 m，不能满足新建滑行道地基处理及土石方施工的要求。如果不迁移现有围界，则无法完成新建滑行道范围内的地基处理施工，为了保证新建滑行道能整体施工，将现有围界进行外移。新建围界完工后，安装安防系统并达到使用条件后再进行现有围界的拆除工作。

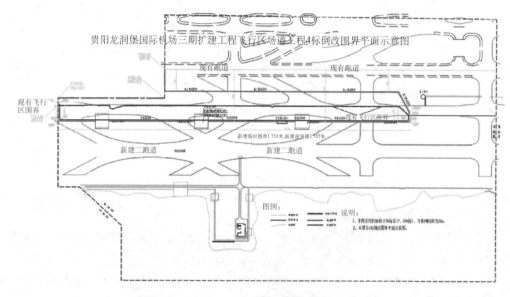

图 9-5　FXQ-CD-004 标段围界倒改施工平面图

9.2.4　围界设置要求

围界设置应满足以下要求。

（1）围界基础采用现浇混凝土（图 9-6）；围界采用网片加滚刺的方式，围界网片高 2 m，滚刺直径 0.5 m；围界底部离地间隙不大于 3 cm，围界顶部间隙不大于 5 cm。

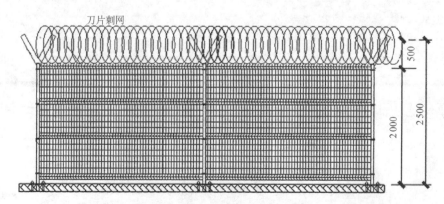

图 9-6　围界示意图（单位：mm）

（2）原围界拆除后不可在导航电磁环境保护区内堆放；且拆除后的围界及施工现场的材料或任何机械设备，不可放置在新建临时围界 5 m 内的区域。

（3）若因施工需要临时堆放，施工作业距离围界不足 5 m 时，须提前向贵阳机场飞行区管理部申请，经批准同意后在安全监督人员在场的情况下方可实施，并尽快搬离。

9.3　监控系统

为了满足贵阳龙洞堡国际机场现场运行指挥中心对跑滑系统和机位的监控需求，考虑建设一套跑道、滑行道及机位监控系统。系统在远机位、滑行道附近设置数字监控摄像头，用于远机位和部分站坪滑行道的监控；在飞行区内设置多套全景拼接摄像机系统，用于各个航站楼 2 个指廊之间 U 形槽区域以及跑道、滑行道区域的监控。系统后台设置在本期新建的飞行区安防中心设备机房，设置相应的传输、存储设备。系统监控的席位桌、上墙显示设备以及相应的配套设施均由新建现场运行指挥中心中工程统一考虑。

根据现场运行指挥中心监控需求，本次贵阳机场跑道、滑行道及机位监控系统包括远机位及滑行道监控子系统、跑道及滑行道全景拼接监控子系统（图 9-7）。

1. 远机位及滑行道监控子系统

本次贵阳龙洞堡国际机场扩建工程拟新建 42 个远机位，在每个远机位前方设置 1 组高清监控摄像机，用于监视远机位上飞机停场、上下客、装卸货物以及地面服务车辆与人员活动等过程。根据现场指挥中心的需求，本次在新建的 Z1 滑、Z2 滑、Z12 滑、Z13 滑以及 Q 滑设置 1 组高清摄像机，用于监视滑行道上航空器运行的情况。

2. 跑道及滑行道全景监控子系统

根据现场运行指挥中心的需求，本次在 T1、T2、T3 每 2 个指廊之间的 U 形槽区域以及跑道、滑行道主要区域设置全景拼接监控系统。用于监控航空器在指廊之间的站坪上以及跑道、滑行道运行的情况。系统通过后台软件，将前端摄像头的视频图像进行拼接，以满足现场运行指挥中心对全景监控的需求。

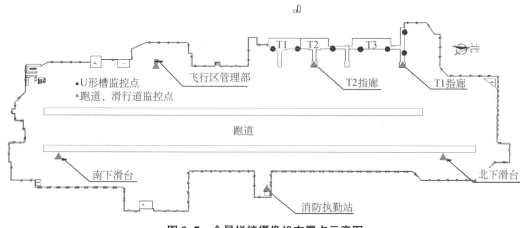

图 9-7　全景拼接摄像机布置点示意图

3. 系统监控席位

贵阳机场跑道、滑行道及机位监控系统主要用于机场现场运行指挥，因此本次将监控席位设置在新建的现场运行指挥中心。本工程仅考虑席位上使用的监控终端。系统监控的席位桌、上墙显示设备以及相应的配套设施均由新建现场运行指挥中心中工程统一考虑。同时，铺设2根12芯的光缆，从现场运行指挥中心至飞行区管理部用房飞行区汇聚节点机房。

4. 防雷和接地

出入监控控制箱的弱电电缆及供电电缆均应加装防雷保护器。控制箱内的设备接地线与控制箱的箱体可靠连接，控制箱通过专用接地铜带与地下的接地极系统可靠连接，接地电阻不大于4Ω。安装摄像头的立杆通过专用接地带与地下的接地极系统可靠连接，接地电阻不大于4Ω。

第 10 章　特殊施工措施

10.1　夜间施工措施

夜间施工需安排夜间作业人员适当的休息时间,并提供夜餐,减轻夜间作业人员的劳动强度。

夜间施工必须保证照明,具体措施如下。

(1) 本工程采用镝灯作为主要照明灯具,固定布置在场地适当位置,保证整个施工场地均有较好的照明。

(2) 采用碘钨灯作为临时可移动照明灯具,用于重要施工部位,作为对固定式照明的补充。

(3) 充分考虑施工安全问题,不能安排交叉施工的工序同时在夜间进行。

(4) 夜间施工时,各项工序或作业区的结合部位要有明显的发光标志,施工人员需穿戴反光警示服。各道工序夜间施工除当班的安全员、质检员必须到位外,还要建立质安主管人员巡查制度,发现问题必须立即解决。

(5) 施工现场设置明显的交通标志、安全标牌、护栏和警戒灯等标志。

(6) 夜间施工用电设备必须有专人看护,确保用电设备及人身安全。

(7) 夜间气候恶劣的情况下严禁施工作业。

(8) 各道工序间施工时除当班的安全员、质检员必须到位外,还要建立质安主管人员巡查制度,一旦发现问题必须立即解决。

(9) 实施具有重大危险源的工程项目时,必须根据重大危险源的应急救援预案措施,做好随时启动应急预案的准备。

10.2　雨季施工措施

1. 施工原则

雨季施工应遵循以下原则。

(1) 项目经理部成立防汛防台领导小组,各部门、专业的负责人负责本部门的防汛防台工作。雨季期间防汛负责人手机 24 h 待机,防汛值班室设一部防汛专用电话,24 h 专人值班。

(2) 雨季期间现场配备一支 30 人左右的抢险队伍,并制定联络方式,上岗值班或接通知参加抢险。

(3) 现场应配齐配足抽水泵、水带,设专用车库存放。库门前挂牌,标明器材名称、数量及检查日期。库房钥匙分别由值班人员和料库保管,并放于明显处做好标示。定期检查、清点防汛器材并做好保养措施。水泵定期进行空转,若发现故障应及时维修,保证库内水泵数量。检查泵的电线插头与电箱插座是否相配。

(4) 本工程施工区域,必须配备足够数量的排水泵,及时将水排出基坑,排入现场排水系统。

(5) 雨季来临之前要对下水道及场内各排水系统进行疏通,现场排放废水的水质情况应符合要求。

(6) 混凝土浇捣时,必须事先注意天气情况,尽量避开雨天,若实在不得已,必须做好防台、防雨措施,预备好足够的活动防雨棚,准备好塑料薄膜、油布等。必要时,需严格按施工规范规程允许的方式、方法,留置中止施工缝措施,事后按规程要求处理施工缝,再进行续浇混凝土。

(7) 雨季前应组织有关人员对现场临时设施、机电设备和临时线路等进行检查,针对检查出的具体问题,应采取相应安全防范措施,及时整改以确保施工安全。

(8) 现场临时用电线路要保证绝缘性良好,架空设置,电源开关箱要有防雨设施,施工用水管线要进入地下,不得有渗漏现象,阀门应有保护措施。

(9) 配电箱、电缆线接头、电缆箱和电焊机等必须有防雨措施,防止水浸受潮造成漏电或设备事故。

(10) 电焊机要做好接地保护及防雨措施,电焊把线要做到无破损、无漏电,电焊工要使用干燥的绝缘手套;必须保证施工现场的电气开关闸刀、插座和插头的完好。

2. 道面施工注意事项

道面施工应注意以下事项。

(1) 雨季施工时应根据开挖区、回填区的地形和地势做好防洪及排水(截水)措施,也可利用场区永久或临时排水系统,排除施工区域内的水流或洼地积水。雨期前,应对场区内的防洪排水设施进行检查、疏通或加固,保证雨水能及时排出。受洪水影响的地段,应设值班人员,随时掌握周围水情和汛情情况,并配备必要的防洪抢险物资及抽、排水设备(如水泵、发电机、电缆等)。

(2) 及时了解天气预报,观察天气变化情况,合理规划作业区间及机动工程。重要部位的土石方尽可能安排在晴天作业。雨季来临时会对地材供应造成显著影响,因此在雨季来临前做好地材的备料,必要时根据天气预报集中将雨季施工用的地材备足,以免因材料不足影响施工。

(3) 场区的运输道路,应视情况加铺砂砾或其他防滑材料,保证道路畅通。

(4) 作业段不宜过长,施工中的挖土、运土、填筑平整和碾压等工序应连接紧密,并尽量在雨前碾压完。雨前碾压不完的,应用压路机压封表面,以减少雨水渗入。

(5) 应及时做好雨中及雨后的现场排水工作。

(6) 雨天开挖土方时,在取土点和土基施工地段,应保持一定的排水坡度,以便雨停后即可施工;若取土地点地下水位较高,应挖纵横向排水沟,将水引出,降低地下水位。

（7）分层回填施工时,每层回填土的表面应有 1.0%～1.5% 的横坡,并整平。雨前或每日收工前应将摊铺的松土碾(夯)压完毕;若来不及碾(夯)压实,应及时覆盖。

（8）雨季进行回填土填挖时,应做到随挖、随填、随摊铺、随碾压密实,充分利用雨停间隙组织施工。

（9）雨季取土点进行爆破作业时,宜尽可能打水平炮眼,以免炸药、雷管受潮发生哑炮现象。

（10）对低洼地段处的土方施工应集中力量先行作业,尽可能减少雨水对施工的影响。

（11）突遇下雨时应立即停止作业,混凝土道面施工配备足量的防雨棚,以应对突然降雨。对摊铺和碾压作业面做紧急处理,防止混合料固结形成质量缺陷。已造成报废的应立即清除出机场进行无害化处理。

10.3　冬季施工措施

1. 施工原则

1) 组织措施

（1）编制冬季施工方案,确保工程质量;编制的冬季施工方案应经济合理,使增加的费用为最少;所需的热源和材料应有可靠来源,并尽量减少能源消耗;组织有关人员学习,并向队组进行交底。

（2）进入冬季施工前,组织所有参加冬季施工的人员进行技术业务培训,学习本工作范围内的有关知识,明确职责,经考试合格后,方准上岗工作。

（3）与当地气象台站保持联系,及时接收天气预报,防止寒流突然袭击。

2) 现场准备

（1）根据实物工程量提前组织有关机具、外加剂和保温材料进场。

（2）搭建加热用的锅炉房、搅拌站,铺设管道,对锅炉进行试火试压,对各种加热的材料、设备要检查其安全可靠性。

（3）计算变压器容量,接通电源。

（4）工地的临时供水管道及材料要做好保温防冻工作。

3) 安全与防火

（1）冬季施工时,要采取防滑措施。生活及施工道路、架子、坡道应经常清理积水、积雪、结冰,斜跑道要有可靠的防滑条。

（2）施工时如接触汽源、热水,要防止烫伤;使用氯化钙、漂白粉时,要防止腐蚀皮肤。

（3）亚硝酸钠有剧毒,要严加保管,防止发生误食中毒。

（4）要加强现场火源管理;使用天然气、煤气时,要防止爆炸;使用焦炭炉、煤炉或天然气、煤气时,应注意通风换气,防止煤气中毒。

（5）电源开关、控制箱等设施要统一布置,加锁保护,防止乱拉电线,设专人负责管理,防止漏电触电。

（6）冬季施工中,凡高空作业应系安全带,穿胶底鞋,防止滑落及高空坠落。

（7）施工现场水源及消火栓应设标记。

2. 道面施工原则

冬季道面施工应遵循以下原则。

(1) 冬期土方回填时,每层铺土厚度应比常温时减少 20%～25%,预留沉陷量应比常温施工增加。

(2) 冬期施工填方应在填方前清除基底上的冰雪,并应保持基坑表面无积水。填方边坡的表层 100 cm 以内,不得采用含有冻土块的土填筑,整个填方上层应用未冻、未冻透或透水性好的土回填,其厚度应符合设计要求。

(3) 大面积回填土、有道面的路基、人行道范围内的平整场地填方,室外的基槽(坑)或管沟的填方,可以采用含有冻土块的土回填,但冻土块的粒径不得大于 15 cm,含量不得超过 15%,且冻土块应分散开、分布均匀,并应逐层夯实。管沟底以上 50 cm 范围内不得用含有冻土块的土回填。

(4) 水稳碎石基层必须在冬季到来之前 15 d 完成,不能完成施工的部位,需在第二年春季后再施工,若混凝土面层无法及时施工,为确保基层不被冻坏,准备在基层表面铺上一层土工布,再在土工布上铺上一层 20 cm 厚的黄砂,进行保温防冻。

(5) 混凝土面层必须在冬季到来之前 28 d 完成,不能施工完成的部位,需在第二年春季后再施工。

3. 下穿通道施工原则

冬季下穿通道施工应遵循以下原则。

(1) 加强机械封闭保温工作,严格执行防冻剂的发放,严格执行砂浆、混凝土的配合比,履行配合比的签发、审核、签证手续。

(2) 备足冬季施工所需外加剂及保温材料。

(3) 注意收听天气预报,防止突然降温受冻。

(4) 加强冬季施工期间的消防工作,执行用火申请制度,及时清理易燃品并妥善保管。冬季施工前根据工程进度情况编制详细冬季施工措施。

(5) 在混凝土中掺入适量的早强型防冻剂,搅拌时要加热原材料,使混凝土温度提高到 0℃ 或防冻剂的设计温度前,满足预期要求。

(6) 混凝土运输应及时运到浇筑地点,运输过程中防止混凝土热量散失、表面冻结、混凝土离析、水泥砂浆流失和坍落度变化等现象,运输距离较长时,要加强运输工具的保温覆盖,如混凝土从运输到浇筑过程中发生冻结现象,必须在浇筑前进行人工二次加热搅拌。

(7) 混凝土浇筑结束后,表面用塑料薄膜覆盖,上铺两层草袋子,进行保温蓄热,防止水分或热量散失。

(8) 模板外侧用 1.5 cm 厚的泡沫板覆盖,以防止浇筑过程中混凝土热量的散失。

(9) 污水、工业废水和酸性水等不得用于混凝土的搅拌。

(10) 提高和控制混凝土的入模温度,一般不得低于 15℃。

(11) 浇筑混凝土时振捣要快速,防止浇筑时间过长而使混凝土内部的热量散失较大。

10.4　高温施工措施

1. 施工原则

高温施工应遵循以下原则。

（1）在炎热的高温条件下施工时，应制定合理的劳动休息制度，适当调整作息时间，采取"做两头、歇中间"避高温。

（2）高温作业场所要采取有效的通风、隔热、降温措施，配备充足的防暑降温物资，露天作业要避开烈日高温时段，防止中暑。

（3）在炎热高温期间，根据生产工艺过程，尽可能调整劳动组织，采取勤倒班的方法，缩短一次连续作业时间，加强工作中的轮换休息。

（4）严格执行卫生制度，做好施工现场的食品卫生防疫工作。

（5）调整工人集体宿舍，将同一班次的工人调在一起，避免互相干扰而影响睡眠。

2. 道面工程注意事项

炎热气候的混凝土施工在浇筑前的混凝土温度不应超过 32℃，施工时应采取以下措施以保持混凝土温度不超过 32℃。

（1）炎热气候采用"早开工、早收工"的施工组织方案，尽量利用每日气温最低的时段进行施工作业，以减少日照和高温的影响。

（2）在生产及浇筑时对配料、运送及其他设备的遮阳或冷却。

（3）喷水以冷却集料。用制冷法或埋水箱法或在部分拌和水加碎冰以冷却拌和水，但在拌和完后，冰应全部融化。

（4）与混凝土接触的模板、钢筋及其他表面，在浇混凝土前应冷却至 32℃ 以下，可盖以湿麻布或棉絮、喷雾状水，或用保护罩盖以及其他认可的方法。

第 3 篇

不停航施工组织管理

第 11 章　不停航施工组织管理方案

11.1　组织机构

本工程率先组建飞行区项目部,项目部设项目经理、项目副经理、项目总工程师,组成项目经理部领导班子。下设综合办公室、安全部、工程部、经营部、资料组、测量组和检测组等部门(图 11-1)。此外,还需加强现场材料、设备、人员等的管理,确保工程优质、安全、高速地完成。

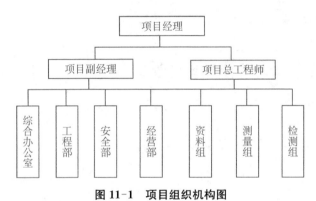

图 11-1　项目组织机构图

11.2　管理制度

1. **建立质量管理领导小组**

本工程设立全面质量领导小组,下设专职质检机构:质检部,质检部内设各专项工程质检工程师及质检工程师助理,专司质量检查之职。

组成以技术负责人为首,选派有多年施工经验的技术人员组成技术攻关小组,利用先进的技术手段与方法,结合现场实际情况,精心编制出详细的施工方案,并报业主和监理工程师批准,杜绝因施工方案不当而引起工程返工和质量事故的发生,并成立创优工作领导小组。第一管理者任创优工作领导小组组长,副组长由项目副经理和技术负责人组成,组员由业务部门负责人和各施工队长、队技术主管组成。

2. **实施创优目标管理责任制**

按照企业法人工程质量责任终身制的原则,建立项目经理、项目副经理、技术负责人、施工工班主管领导、单位工程技术负责人、质量检查人员、质量管理部门、施工技术部门、合同计划部门、物资设备部门、班组作业层等质量责任制,建立各工程质量责任卡,并建立与各级责权利相统一的运行机制。

实施创优目标管理的责任制度,将质量方针进行目标分解;根据分解目标制定相应的措施。根据对应措施确定各相关项目的执行者、协作者和检查者,同时制定相应的完成日期和工作时间。施工中根据创优目标管理图中的标准和要求,经常检查各执行者对相应措施的执行情况和完成效果,通过进一步优化措施的执行实现创优目标。

3. 建立工程质量回访和信息反馈控制制度

工程质量回访和信息反馈控制制度如图 11-2 所示。

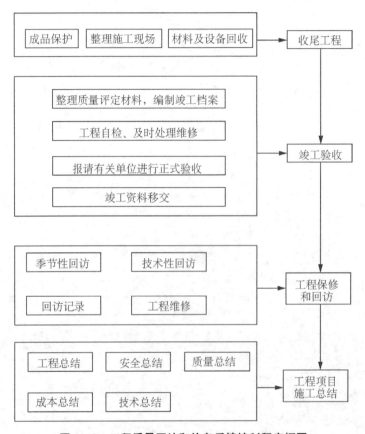

图 11-2　工程质量回访和信息反馈控制程序框图

11.3　施工质量管理

本工程严格按照施工图纸、设计说明、设计变更、国家和民航颁发的有关施工验收标准,精心组织、精心施工,工程质量满足合格要求。

11.3.1　质量体系

本工程根据 ISO9001 国际质量管理标准,建立了健全的质量保证体系,如图 11-3 所示。工程严格从标准出发,从管理评审、质量计划、物资采购、产品标识和可追溯性到过程控制、检验和试验、不合格品控制、纠正和预防措施及搬运、防护、交付、统计技术的应用、服务等覆盖项目。从开工到责任缺陷期满的全过程进行明确规定,对施工全过程的质量活动进行具体的描述,提出具体的质量控制规定和要求。

成立以项目经理为组长的全面质量管理领导小组,副组长由技术负责人担任,组员由各部室负责人组成,施工工班相应成立质量管理领导小组。

建立二级质量管理体系,在项目部和施工队分别设专职质量检查工程师,班组设兼职质量检查员,对施工进行全方位质量管理、监督和检查,并制定切实有效的、能够保证工程质量的措施,克服质量通病,创优质精品工程。

11.3.2　质量控制措施

1. 制定项目质量奖罚办法

将质量管理目标分解细化,按项目和工序落实到人,实行各级各类人员质量奖罚责任制,同每人的工资奖金挂钩。奖(罚)金额按月考核,当月兑现。

根据规范要求制定详细的内部工程质量检测制度和工程质量检查评分办法。项目部质量领导小组每月至少进行一次全面质量检查和评分,并将结果予以通报,此结果将是核实各工程工班工资的首要依据,工程工班质量质检小组每天进行质量小结,每周进行一次自检自评,并将结果报项目部的质量领导小组,此结果亦是职工工资、奖金发放的重要依据。

2. 实行质量一票否决制

当质量与进度等发生矛盾时,必须保证先质量后进度。发生质量问题时,扣发当事人当月奖金并酌情赔偿一定比例的损失。对于关键工程质量必须采用双控措施,经项目技术负责人同意后再报监理工程师批准。

3. 加强职工培训,提高施工人员的素质

采取各种途径提高施工人员业务素质,利用雨天和施工间隙,请监理工程师或工程师代表讲授技术规范和施工操作方法,组织技术比赛,并适当派员外出学习,及时掌握工程中新的施工工艺和技术。

每一项新的分项工程开工后,均先做试验段,确定正确的施工工艺、操作方法等,质量控制达到规范要求后,组织相关施工人员在现场进行讲评,提出在施工中应注意的事项。

4. 加强设备、材料的管理

经常进行施工设备检修、检测仪器设备的标定、材料的检验,确保机械设备完好率、使用性能、检测仪器的精度满足施工要求和确保合格的原材料用于工程中。杜绝由机械设备、检测仪器和材料原因而引起的工程质量事故。

现场设备、材料的摆放要整齐划一、分门别类,堆码有序,不得出现混乱、杂乱无章的现象,避免误用而导致影响工程质量情况的发生。

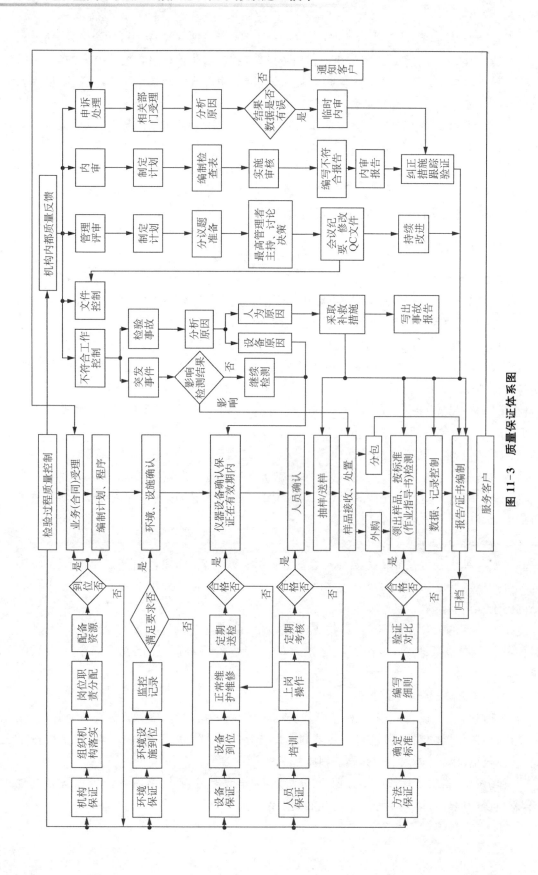

图 11-3　质量保证体系图

5. 施工过程质量控制程序(图 11-4)

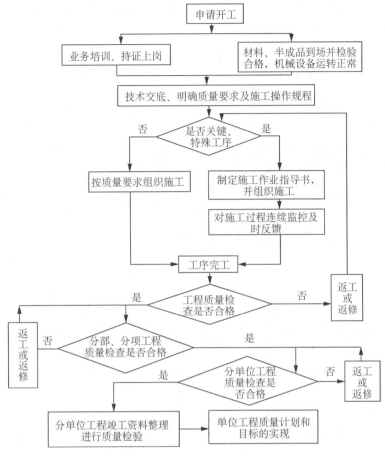

图 11-4　施工过程质量控制程序

11.4　施工安全管理

11.4.1　安全方针和目标

在施工管理中,始终如一坚持"安全第一、预防为主"的安全管理方针,以安全促生产,以安全保目标。

实现"四无""一控制""一达标"。"四无":无职工死亡事故,无重大交通责任事故,无重大火灾事故及无重大机械事故。"一控制":职工年伤频率控制在 9‰以下。"一达标":安全生产达国标。

11.4.2　安全保证体系

安全保证体系(图 11-5)。具有五大保证:思想教育保证、组织保证、工作保证、制度保证和经济保证。施工前通过施工技术安全规则教育提高施工人员的安全意识,项目部安全领导、职能部门、安全领导小组与安全检查员一同在开工前、施工过程和收尾阶段对安全生产进行监督。国家安全法律法规以及各项安全生产标准和承保责任制也为达到安全生产目标提供了保障。

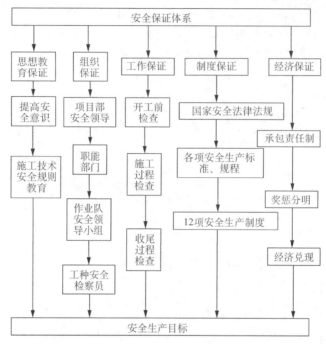

图 11-5 安全保证体系图

11.4.3 现场管理人员安全职责

建立各级安全施工责任制,各级责任人职责如下。

(1)项目经理:全面负责施工现场的安全措施、安全生产等,保证施工现场的安全。

(2)项目技术负责人:直接对安全生产负责,督促、安排各项安全工作,并按规定组织检查、做好记录。制定项目安全技术措施和分部工程安全方案,督促安全措施落实,解决施工过程中不安全的技术问题。

(3)专业工程师:负责上级安排的安全工作的实施,制定分项工程的安全方案,进行施工前的安全交底工作,监督并参与班组的安全学习。

(4)专职安全员:参与编写施工组织设计(方案)中安全方面内容;参与组织项目的安全生产教育,落实安全生产责任制;负责现场施工安全检查工作,行使安全生产奖惩权;负责验收进场劳保用品,参加各种防护设施、设备的验收;负责施工现场的安全技术资料整理和保存;负责施工现场的危险源辨识和风险评估工作;负责参加事故调查,进行伤亡事故统计、分析,并按规定及时上报。

(5)其他部门:财务总务部门保证用于安全生产上的经费;综合办公室保证工人的基本生活条件,保证工人健康;物资设备部门应采购合格的用于安全生产及劳防的产品和材料;质量安全部门编制施工组织设计和施工计划时,必须编制安全技术措施;主管施工生产的领导和施工负责人员在布置施工任务时,必须布置安全工作;根据工程施工特点编制安全交底。

（6）施工队长：施工队长负责本队的安全施工，督促工人遵守操作规程和各项安全施工制度，并组织班前班后的安全检查。在班前加强安全生产教育，提高全员安全意识。重点进行四个方面的教育：①强化行车安全和施工安全意识；②安全基本知识和技能的教育；③遵守规章制度和岗位标准化作业的教育；④文明施工的教育。

11.4.4　施工安全保障制度

施工安全保障制度包括以下几方面。

（1）安全技术交底制度：根据安全措施和现场实际情况，各级管理人员须亲自逐级进行书面交底。

（2）班前检查制度：区域责任工程师和专业安全工程必须督促与检查施工方对安全防护措施是否进行了检查。安全验收制度：大中型设备实行安全验收制，凡不经验收的，一律不得投入使用。

（3）每周安全活动制度：项目部每周要组织一次全体工人进行安全教育，对上周存在的问题进行总结，对本周的安全重点和注意事项做必要的交底，使广大施工人员能心中有数，从意识上时刻绷紧安全这根"弦"。

（4）管理人员实行年审制度：由项目部统一组织，加强施工管理人员的安全考核，避免违章指挥。特殊工种必须持有上岗操作证，严禁无证操作。

（5）实行安全生产奖罚制与事故报告制度：各单位同专职安全员签订安全责任目标合同，与其工资、奖金挂钩，奖罚金额在其当月收入中兑现。实行全员安全风险抵押金制度：项目部、队负责人、普通职工分别按一定的比例交纳，凡出现安全问题时，将抵押金全部扣除。实行各级安全行政责任制度，对安全事故的责任人，将按责任大小分别给予相应的行政处罚。

（6）质量否决制度：不合格分项分部必须进行返工。不合格分项工程流入下道工序要追究班组长的责任；不合格分部工程流入下道工序要追究工长和项目技术负责人的责任；不合格工程流入社会要追究单位经理和项目经理的责任；有关责任人员要针对出现不合格的原因采取必要的纠正和预防措施。

11.4.5　危险源评估及措施

工程涉及的危险源可根据表 11-1 进行评估。

表 11-1　　　　　　　　　　危险源评估表

危险	原因	事故后果	防范措施
坍塌	1. 不良地质条件(不利的边坡岩体结构类型)：①节理裂隙发育；②断层破碎带；③发育与边坡同向软弱结构面；④活动面有水活动痕迹 2. 维护措施不当：①作业前排险未彻底；②失稳地段未及时处理 3. 边坡参数选择不合理 4. 矿区倒堆作业引起的坍塌	设备损坏、人员伤亡	1. 边坡角应严格控制在设计允许的范围之内，边坡角过大时应进行削坡 2. 采装时应按照从上到下的顺序，严禁超挖坡底或爆堆底部

(续表)

危险	原因	事故后果	防范措施
高处坠落	1. 人员距台阶边缘过近 2. 作业平台安全设施不全或失效	设备损坏、人员伤亡	1. 在高处作业时,作业人员应系好安全带 2. 在平台作业时,作业人员距边坡边缘应保持足够的安全距离
物体打击	1. 作业前没清或没清净浮(险)石 2. 清理时站位或顺序不对 3. 同一立面上下同时作业 4. 矿区设备、材料堆放在台阶边缘等危险地区 5. 掏底作业	设备损坏、人员伤亡	1. 生产前要将坡面的浮石险石清理干净 2. 撬浮石时应选好躲避路线 3. 同一垂直线上平行作业时应严格按设计要求进行 4. 设备、材料等应堆放在安全地点
机械伤害	1. 人员在挖掘机、装载机作业半径内停留 2. 缺保护装置或装置失效或拆除 3. 违章作业	人员伤亡	1. 挖掘机作业时人员严禁在作业半径内停留 2. 定期对机械设备进行检修 3. 严禁违章作业
车辆伤害	1. 距公路、坡顶边缘安全距离不够;无挡堆等安全设施 2. 道路坡度较大,宽度较窄 3. 转弯超速或方向过大 4. 带病行驶 5. 刹车、灯光、喇叭等失灵 6. 空挡滑坡 7. 严重超载超速 8. 酒后或未经培训驾驶 9. 现场管理混乱等	设备损坏、人员伤亡	1. 车辆行驶前要对车况进行检查,确保车辆完好 2. 应完善开拓系统 3. 在边坡、弯道等地段设置安全警示及交通安全标志,严禁超速超载行驶 4. 道路的施工要符合设计标准 5. 在道路外侧应设置车挡 6. 严禁违章驾驶
爆破伤害	1. 爆破参数选择不合理 2. 施工质量不合格 3. 装药过量 4. 警戒不到位 5. 地质条件变化 6. 处理盲炮违规 7. 打残眼 8. 爆破器材存放、搬运违规 9. 加工和安装起爆药包违章 10. 爆破器材质量不合格	设备损坏、人员伤亡	1. 严格按爆破设计进行施工 2. 放炮前应做好警戒工作,人员撤离,设备转移 3. 炮眼堵塞应符合要求,对炮眼周围的浮石、碎石要进行清理 4. 严格按爆破安全规程对盲炮进行处理 5. 严格按照爆破安全规程进行爆破材料运输 6. 爆破器材的储存应严格按照爆破安全规程的要求进行储存
触电	1. 漏电保护装置失效 2. 违章作业等	人员伤亡	1. 电工等特种作业人员应持证上岗 2. 定期对电气设备及线路进行检查
火灾	1. 车辆、设备电气老化 2. 违章用火等	人员伤亡	定期对电气设备及线路进行检查

（续表）

危险	原因	事故后果	防范措施
粉尘危害	1. 出碴、运输没有洒水防尘 2. 打干眼 3. 未佩戴劳动防护用品	长期接触易患硅肺病	1. 配备洒水车等除尘设备 2. 坚持湿式凿岩 3. 正确使用劳动保护用品
噪声及振动危害	1. 没有防噪防振动措施 2. 爆破时没有及时避噪 3. 降噪防震设备失效	损伤听力	做好个人防护，戴好耳塞
低温危害	长时间在低温下作业	冻伤	低温季节作业应尽量缩短劳动时间

11.4.6　工伤保险、意外保险管理办法

为了保障因工作遭受事故伤害或者患职业病的职工获得医疗救治和经济补偿，为从事危险作业的职工办理意外伤害保险，支付保险费，促进工伤预防和职业康复，制定以下条例。

（1）项目部为全部职工或者雇工（以下称职工）缴纳工伤保险、意外伤害保险费。

（2）工伤保险、意外伤害保险费的征缴按照《社会保险费征缴暂行条例》中关于基本养老保险费、基本医疗保险费、失业保险费的征缴规定执行。职工发生工伤时，项目部应当采取措施使工伤职工得到及时救治。

（3）工伤保险、意外伤害保险基金由项目部缴纳的工伤保险、意外伤害保险费、工伤保险、意外伤害保险基金的利息和依法纳入工伤保险、意外伤害保险基金的其他资金构成。

（4）工伤保险、意外伤害保险费根据以支定收、收支平衡的原则确定费率。项目部缴纳工伤保险、意外伤害保险费的数额为本项目部职工工资总额乘以单位缴费费率之积。

（5）工伤保险、意外伤害保险基金存入社会保障基金财政专户，用于本条例规定的工伤保险、意外伤害保险待遇、劳动能力鉴定以及法律、法规规定的用于工伤保险、意外伤害保险的其他费用的支付。

（6）职工有下列情形之一的，应当认定为工伤或意外伤害：在工作时间和工作场所内，因工作原因受到事故伤害的；工作时间前后在工作场所内，从事与工作有关的预备性或者收尾性工作受到事故伤害的；在工作时间和工作场所内，因履行工作职责受到暴力等意外伤害的；患职业病的；因工外出期间，由于工作原因受到伤害或者发生事故下落不明的；在上下班途中，受到机动车事故伤害的；法律、行政法规规定应当认定为工伤的其他情形。

（7）职工有下列情形之一的，视同工伤或意外伤害：在工作时间和工作岗位，突发疾病死亡或者在 48 h 之内经抢救无效死亡的；在抢险救灾等维护国家利益、公共利益中受到伤害的。

（8）职工有下列情形之一的，不得认定为工伤或者视同工伤：因犯罪或者违反治安管理伤亡的；醉酒导致伤亡的；自残或者自杀的。

11.5　施工进度保障

11.5.1　施工进度及控制

工程进度计划依据招标文件工期要求"本项目开始至本项目竣工验收合格为止,具体开工时间以开工令为准",初步编制的施工进度计划为工程总工期 880 日历天(图 11-6)。其中土方工程检验与沉降监测期初步按 320 d 计划(设计要求"为减小道面结构施工后高填方地基的沉降量,土石方工程完工后预留至少一个雨季的自重沉降期,并通过变形监测来确定预留沉降期")。

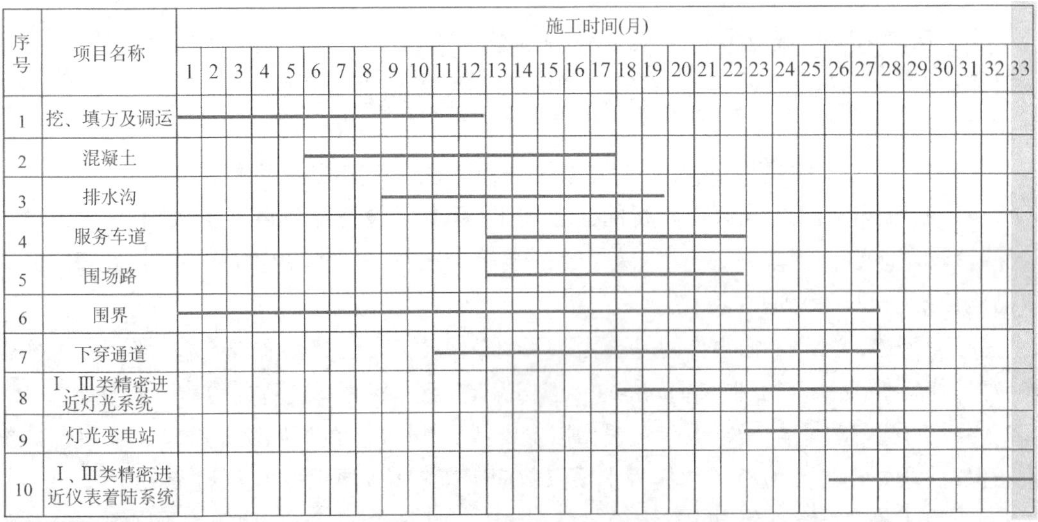

序号	项目名称	施工时间(月)																																
		1	2	3	4	5	6	7	8	9	10	11	12	13	14	15	16	17	18	19	20	21	22	23	24	25	26	27	28	29	30	31	32	33
1	挖、填方及调运																																	
2	混凝土																																	
3	排水沟																																	
4	服务车道																																	
5	围场路																																	
6	围界																																	
7	下穿通道																																	
8	Ⅰ、Ⅲ类精密进近灯光系统																																	
9	灯光变电站																																	
10	Ⅰ、Ⅲ类精密进近仪表着陆系统																																	

图 11-6　三期扩建工程施工计划横道图

工期进度计划控制方法如下。

(1)综合考虑现场环境、气候特点和项目施工内容,经过详细周密安排,严格响应招标文件(沉降监测期初步按 320 d 计划),按招标文件要求完成本标段全部工程内容。

(2)进度计划中不停航施工部分按每天进场施工时间 6 h 计划安排,实际每天施工作业时间要以当天机场相关部门下达的通知为准。不停航作业时间变化时,要随时调整施工进度计划。

(3)在编制施工计划时,施工期主要依据倒排工期和人工和机械的配置量而确定。而考虑工期紧张的特点,在机械配备和人员配置时,均留有充分的富裕系数。可确保如期完成施工任务。

(4)除按常规方法进行控制外,在现场专门配置一个计算机室,配备专用电脑,由专业人员应用微机和工程项目管理软件,对工期网络和资源配置等施工全过程进行动态控制,使工期质量、安全管理得到有效的控制,从而保证本项目各个目标的实现。

施工进度计划控制流程详见图 11-7。

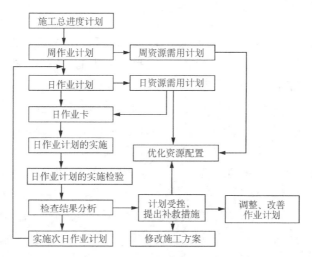

图 11-7　施工进度计划控制流程图

11.5.2　工期保证体系及措施

工期保证体系如图 11-8 所示。

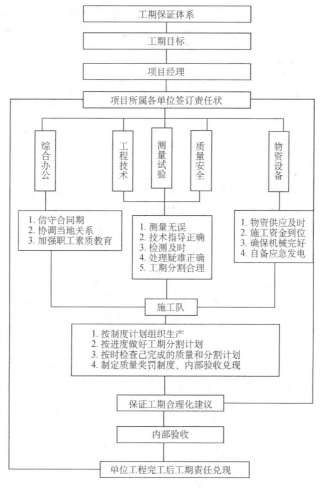

图 11-8　工期保证流程图

1. 资源保证

(1) 资金经费保证。为确保工程如期完成,应为本工程顺利施工准备充足的流动资金。财务部门根据工程进度计划及材料购置计划绘制资金使用计划,安排好流动资金,使控制工期的关键工序始终有充足的资金供应,保证施工生产连续进行。

(2) 施工机械保证。充分考虑工期紧近和工程量的施工特点,选用适合本工程的工程施工机械,施工中将充分发挥机械的工作效率,并适时加大施工机械的配备数量。

(3) 人员实力保证。为加快施工进度,组建由高素质的管理人员及专业技术人员组成的项目经理部,全面负责工程的现场施工。同时给予项目经理部最大的授权,以充分发挥项目经理部全体人员的积极性和主观能动性。

(4) 材料供应保证。物资设备部门根据施工图、工程进度计划编制标段所需主要物资用量计划,分阶段列明所需物资的品名、规格、质量和数量,并随时掌握施工材料使用时间的要求以及资源情况,通过申请、订货、采购、运输、储备等各项工作,保证将材料按质、按量、按时、配套地供应到使用地点,对工程急需的常用材料可以做到 24 h 随时供货。

2. 施工管理保证

(1) 项目部实行分工负责制,各职能部门进行目标管理,建立严格的奖惩制度,围绕总工期制订阶段工作计划,并逐月检查落实,实施奖惩,以保证各项目标按期完成。

(2) 项目部施工技术人员深入工程第一线,及时发现问题、解决问题,调解各施工队在场地、机械、材料使用方面的矛盾,充分协调队与队之间以及施工队同项目各业务人员之间的关系,保证施工顺利进行。

(3) 建立每周工程例会、每日现场协调会制度,检查生产任务完成情况,对存在的问题,责令责任人落实整改措施,加强现场指挥调度工作,及时协调人力、财力、材料和机械设备,使工程保持正常有序地施工。

(4) 积极推广新技术、新材料、新工艺,用科学技术进步提高劳动生产率,开展劳动竞赛,月月评比,奖罚兑现。

(5) 实行精神激励与物质激励相结合,采取奖金包干,设立单项目标奖,在质量、安全达到目标,完成目标工期后,给予重奖,充分发挥经济杠杆的作用。

3. 施工技术保证

(1) 组织人员对施工图纸进行仔细审核,如发现施工图纸设计存在不完善之处,尽早提交建设单位、监理、设计有关人员协助处理,并将有关信息及时传达给相关操作层。

(2) 每一分部分项工程施工之前编制详细可行的施工方案,力求方案先行、方案先进。并与相关操作层详细交底,使其充分领会施工技术要求,避免施工出现不必要的返工。

(3) 发挥信息优势,积极采用新技术、新工艺、新材料,并发动全体施工人员动脑子、想方法,改进施工方法、优化施工工序,控制工程质量,力争做到各工序一次验收合格率100%,以减少返工率,达到加快施工进度的目的。

4. 进度计划保证

(1) 采用计算机软件进行施工进度的全程跟踪管理,及时调整施工计划中工料机的配备情况,力求达到强度均衡、速度均匀、资源利用合理。

（2）工程总施工进度计划内按系统工程,用树状结构图对其分解,直到相对独立的工作单项。根据每一工序的工作性质和时间合理安排各工序先后顺序,将总工期落实到每月、每日、每个工班,以阶段性工期的落实来保证总工期的实现。

（3）加强工程计划管理,维护计划的严肃性,实施层层"工期包干",严格执行内部"工期奖惩制度"。发现计划与实际不符时,及时分析原因,调整工、料、机配置,确保施工进度计划的可行性和必行性,根据每周工程实际进度情况,将工期网络图予以调整,并特别注意关键线路的变化。

（4）加强对各专业施工队伍的管理,专业施工进度必须服从总体工程的总体施工进度。

5. 安全生产保证

安全生产是施工工期保障的前提。项目经理部专门成立安全文明生产领导小组,由项目经理牵头,工程技术部门、质量安全部门负责实施,除对现场的劳务人员进行进场前安全文明生产教育外,还要定期对劳务人员进行进场后安全教育,并加强施工现场安全保障的落实,严格按照职业健康安全管理体系文件的要求,积极控制各类危险源,及时整改施工中的不安全因素,消除安全隐患,确保计划工期的实现。

11.6　成本控制

为了保证施工生产中安全生产经费的及时到位,确保施工中的安全生产工作,严格执行安全生产资金使用计划,确保项目经理部对安全生产管理、事故隐患整改和安全技术措施费用的提出和使用能及时到位,根据国家《安全生产法》和公司安全费用管理办法的有关规定,结合项目部的实际情况,制定相应的制度。

11.6.1　安全费用的内容

（1）安全资料的编印、安全标志牌的购置、安全宣传栏的设置、安全报刊、书籍、标语的购置等费用。

（2）安全培训及教育费用(包括从业人员的培训、特种作业人员的培训、安全管理人员的考察、培训等)。

（3）从业人员配备劳动防护用品费用(包括一般劳动防护用品和特种劳动防护用品等)。

（4）危险源(包括重大危险源)、事故隐患(包括重大事故隐患)的评估、整改、监控等费用。

（5）安全生产技术措施计划包括的费用。

（6）事故应急救援器材、设备的投入、维护、保养费用,以及应急救援预案的维护和应急救援预案演练的费用。

（7）消防设施与消防器材的配置、维护、保养费用。

（8）新、改、扩建和在役生产装置的安全评价费用。

（9）保健、急救措施费用。

（10）安全科技投入。

（11）为从业人员缴纳的保险费用。

11.6.2　安全费用使用原则

（1）安全技术措施经费为安全专项经费的,必须专款专用,主要用于职工的安全培训、安全宣传,购置安全防护设施和防护用品。

（2）安全技术措施经费按工程造价的1%～2%提取,其费用列入工程成本。

（3）安全技术措施经费在使用时必须经过安全主管部门的批准或同意,报销时必须由安全人员进行会签。

（4）安全技术措施经费由各单位统一掌握、建账。

（5）项目部设立安全生产专项资金账户,安全生产专项资金账户由财务部负责管理。

（6）项目主要负责人应保证安全生产条件所必需的资金投入。

（7）项目主要负责人对由于安全生产条件所必需的资金投入不足导致的后果承担责任。

（8）安全费用专项用于安全生产,不得挪作他用。

（9）对不按规定使用安全技术措施费用或安全技术措施落实不到位的,项目部将依照有关规章制度给予处罚,罚款数额由项目部决策机构核定,罚款的收入,应如数上缴项目安全生产专项资金账户,统一调配使用。由此而发生职业病或伤亡事故时,应追究有关人员的责任。

（10）对于安全生产工作成绩优异的部门、班组或个人给予适当奖励,奖励资金不使用安全生产专项资金。

11.7　环境保护管理

在施工过程中认真贯彻《中华人民共和国环境保护法》和《中华人民共和国水土保持法》的要求,积极维护当地自然环境,最大限度地减少施工对自然生态的破坏。

11.7.1　环境保护管理体系及组织机构

项目经理部设专人负责环境保护工作。进场后及时与地方政府环保机构建立联系,了解地方环境保护法规对土建施工的具体要求,签订有关协议、制订报审具体办法及办理有关手续。施工中严格履行合同中对施工环境保护的承诺,环境保护管理体系见图11-9。

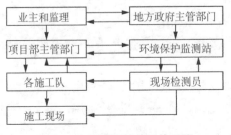

图 11-9　环境保护管理体系图

11.7.2 实施绿色理念制定环保措施

按照"资源节约、环境友好、运行高效和人性化服务"的绿色理念实施施工环境保护工作,充分运用先进的科技成果,并结合当地的地理气候以及文化环境等进行绿色机场建设,根据业主提供的绿色指导任务书开展后续施工,落实如下保护措施。

(1) 施工期间始终保持工地的良好排水状态,修建有足够泄水断面的临时排水泄道,并与永久性排水设施相连接,不形成淤积和冲刷。

(2) 施工道路顶面表面筑成 2% 的横坡,以利于排水。基坑边坡要进行支护,分段留设排水沟。

(3) 靠近生活水源的施工,采取同生活水源隔离的措施,避免污染生活水源。

(4) 施工废水、生活废水按有关要求进行处理,避免直接排入草滩。

(5) 施工机械的废油废水,采用隔油池等有效措施加以处理,避免超标和随意排放。

(6) 生活污水采取二级生化或化粪池等进行净化处理,经检查符合标准后排放。

(7) 废弃物要全部拉走,施工中不随便向草滩中排放废油、废水,不乱扔生活垃圾。废弃物要随时拉至指定地点堆放,临时设施待工程完工后进行彻底清理,恢复原状原貌。

11.7.3 废弃物管理及噪声控制措施

(1) 针对施工营地和施工现场的生活垃圾,设置临时堆放场集中堆放,定期清至环保部门指定场所。

(2) 施工和生活中的废弃物经当地环保部门同意后,运至指定地点。工地设置免冲洗的生态厕所,派专人管理,并定期对周围喷药消毒,以防蚊蝇滋生,病毒传播。

(3) 报废材料定期运出现场,并进行掩埋等处理。对于施工中废弃的零碎配件、边角料、水泥袋、包装箱等,及时收集清理并搞好现场卫生,以保证自然环境不受破坏。

(4) 对于施工区临时堆放的颗粒状材料或施工垃圾,防止在空气中成为漂浮物、灰尘。项目部的控制措施是加大现场管理力度,在土方施工阶段,配备 2 台洒水车,对施工场地及施工便道进行洒水。

(5) 定期对施工便道洒水,防止出现扬尘。施工现场垃圾及时远离现场,保证现场清洁,不能及时运走的垃圾采用物品覆盖防风吹散,运料车运料时,采取覆盖措施,防止被吹走,造成污染。

(6) 自然景观保护。严格按照施工总平面布置图布置临时设施,不得修建超出规划范围以外的建筑。所有临时设施的修建必须严格按照既定的标准和要求进行,不得低于规定的标准。

(7) 生态环境保护。对原有生态环境进行调查,结合施工中可能产生的影响,合理进行施工组织,尽量使用可不破坏原有生态的施工措施。

(8) 防治水污染措施。施工期的水污染主要来自施工人员的生活污水和生产废水两部分,由于两部分废水的性质不同,拟将其分开处理。禁止将有毒有害废弃物用作土方回填,以免污染地下水和环境。

(9) 防大气污染。进入工区的机动车辆的消音排烟净化系统一定要完好。施工工区内和工地上的道路每天要不定时打扫,适时进行洒水,特殊范围内的工作人员要戴防尘面罩,控制烟尘与粉尘污染。

此外,施工现场要制定洒水降尘制度,配备专用洒水设备及指定专人负责,在易产生扬尘的季节,施工场地采取洒水降尘。

(10)防噪声污染。施工期间要制定防止噪声扰民的具体措施,主要抓好几点:机械运输车辆途经居住场所时应减速慢行,不鸣喇叭;适当控制机械动力布置密度,条件允许时拉开一定距离、减少噪声叠加。

(11)人为噪声的控制措施:施工现场提倡文明施工,建立健全人为噪声的控制管理制度,尽量减少人为的大声喧哗,增强全体施工人员防噪声扰民的自觉意识。

(12)强噪声机械的降噪措施:产生强噪声的成品加工、制作作业,应尽量放在工厂、车间完成,减少因施工现场的加工制作产生的噪声。

11.7.4　文明施工管理体系及措施

结合《建设工程安全生产管理条例》(国务院第 393 号令)进行施工现场安全管理,成立以项目经理为组长的文明施工领导小组,监理与业主会定期对工地进行文明施工监督、指导、检查。文明施工管理体系如图 11-10 所示。

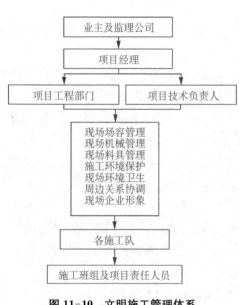

图 11-10　文明施工管理体系

施工项目部用活动板房进行搭建,场地硬化,排水畅通,功能齐全,配备实验室和会议室;要做到各类施工材料、机械设备摆放有序,各类警示标志醒目齐全;食堂要做到整洁卫生,厕所无异味。

(1)遵守国家和工程所在地有关法规、规范、规程和标准的规定,履行文明施工义务,确保文明施工专项费用专款专用。

(2)规范现场施工秩序,实行标准化管理:施工场地(现场)必须干净整洁,做到无积水、无淤泥、无杂物,材料堆放整齐;施工场地(现场)应进行硬化处理,定期定时洒水,做好防治扬尘和大气污染工作;严格遵守“工完、料尽、场地净”的原则,不留垃圾、不留剩余施工材料和施工机具,各种设备运转正常。

(3)为工人建立并维护相应的生活宿舍、食堂、浴室、厕所和文化活动室等,其标准满足政府有关机构的生活标准和卫生标准等要求。

(4)做好成品、半成品保护,为已完成的、正在施工的和将要进行的任何永久和临时工程、材料、物品、设备,以及因永久工程施工而暴露的任何毗邻财产提供必要的覆盖和保护措施,以避免恶劣天气影响工程施工和造成损失。

(5)在工程施工期间,始终避免现场出现不必要的障碍物,妥当存放并处置施工设备和多余的材料,及时从现场清除、运走任何废料、垃圾或不再需要的临时工程和设施。

（6）为现场的工人和其他所有工作人员提供符合卫生要求的厕所。工程竣工后,厕所可从现场拆除。

（7）在现场设立固定的垃圾临时存放点并在各区域设立必要的垃圾箱;所有垃圾必须在当天清除出现场,并按有关行政管理部门的规定,运送到指定的垃圾消纳场。

（8）对离场垃圾和所有车辆进行防遗洒和防污染公共道路的处理。在运输过程中,采取必要措施,防止运输物资遗洒或污染公共道路。一旦出现上述遗洒或污染现象,立即采取清扫措施。

（9）制订成品保护措施计划,并提供必要的人员、材料和设备用于整个工程的成品保护。施工现场配备充足的安保值班人员,建立严格的门卫制度。对已完成的工程或工作进行保护,防止已完成工作遭受任何损坏或破坏。

（10）施工总平面布置:合理使用场地,保证现场道路、水、电和排水系统畅通。运输道路的布置尽量利用既有道路,与现场的加工点、仓库等堆放位置结合布置,并与场外道路连接。

（11）围挡:施工现场及材料堆放加工区设彩色围挡封闭严实,高度不低于 1.8 m,连续坚固,表面刷涂料。施工作业区外界明显划分开,有必要的隔声和安全防护措施,防止发生事故。

（12）大门:在大门外明显处分别设置统一样式的施工标牌,标牌写明工程名称,建筑面积,建设单位,设计单位,施工单位,工地负责人,开工日期,竣工日期等内容,经常清扫保持标牌整洁完好。

（13）施工标识牌:在施工现场两侧的路旁设有规定的六板一图,即施工管理、质量控制、安全生产、文明施工、环境保护、材料管理制度和施工总平面布置图。

（14）安全:危险处所设置醒目标志、围栏;施工戴安全帽,不穿凉鞋、拖鞋施工;现场有安全员,并佩戴袖标;脚手架安全可靠,高空作业挂安全网、系安全带;每天有专人检查脚手架、千斤绳的可靠状况;现场有安全警示牌,工地要有看护人员。

（15）治安:施工现场应建立治安保卫制度和责任分工,对现场施工人员进行法制教育,并有专人负责检查落实情况。

第 12 章　不停航施工应急预案及处置程序

12.1　应急预案编制

为及时有效地对机场禁区施工发生的各种紧急情况实施应急处理,确保不停航施工期间的飞行安全和航班的正常运行,根据《民用机场运行安全管理规定》(中国民用航空总局191号令)和《不停航施工管理手册》,结合本工程的实际情况制定本应急预案。

12.1.1　建立应急预案的目的

(1) 在施工过程中发生应急救援特情、飞机迫降、专机抵场等紧急情况时,组织人员、机械在 30 min 内撤离飞行控制区域。

(2) 施工过程中,当发生管线、机场设施损坏事故后,可通过应急预案来解决故障并保障各部门的协调能力,确保飞行安全。

(3) 施工过程中,机械车辆可能因各种原因出现油路、发动机、电路、轮胎气压等故障,影响正常施工。通过制定完备的应急预案,解决故障给机场运行安全带来的潜在威胁。

(4) 当天气突变,施工无法正常进行时,果断停止施工,撤出人员、机械,并对现场进行清洁处理。

(5) 当遇到航空器应急救援等各类非正常情况时,迅速组织人员、机械设备撤离,并服从运行指挥中心的统一指挥,尽最大努力配合相关部门,做好救援工作,最大限度地降低人员及相关方的安全风险。

(6) 当水泥混凝土拌和站发生故障,不能及时满足现场用料时,现场立即制作施工缝,停止后续施工;同时组织人员力量抢修拌和站,尽快恢复生产和施工。

(7) 施工过程中,作业车辆可能将碎石、土块和拆除混凝土垃圾散落于道面上,形成FOD隐患。为此,在施工中须组织专人负责施工区域和车辆行驶路线的清扫与保洁工作,一旦发现碎石等杂物散落于道面上,应立即进行清扫以消除隐患,确保飞行安全。

(8) 施工阶段遭遇强降雨,导致开挖后的道面、新建排水沟区域积水,此时应启动应急预案,采用强排设施将积水排入飞行区排水沟内,并同时确保既有排水系统畅通,及时消除积水。

12.1.2　应急危险源分析及对应预案

根据本工程的实际情况及以往在不停航施工过程中所遇到的问题,经认真分析和研

究,明确了本工程所涉及的主要应急源,并确定了相应需要采取的应对措施,如表 12-1
所示。

表 12-1　　　　　　　　　　　　应急源汇总表

序号	应急源	对应预案
1	特情、飞机迫降、专机抵场等	紧急撤离
2	管线及机场设施抢修	紧急维修
3	施工机械车辆故障	紧急吊运拉出,采用备份设备
4	天气突变中断施工	紧急撤离,临时接坡,清洁施工区域
5	航空器应急救援等各类非正常情况	紧急救援
6	拌和站故障,供料中断	紧急维修并采用备份设备,现场设置施工缝
7	施工现场碎石等杂物形成 FOD	组织专人检查并清扫
8	汛期强降雨	启用强排设施排水

12.2　突发事件处置程序

　　为及时有效地对贵阳龙洞堡国际机场禁区施工发生的各种紧急情况实施应急处理,确
保不停航施工期间的飞行安全和航班的正常运行,根据《民用机场运行安全管理规定》(中
国总局 191 号令)和贵阳龙洞堡国际机场集团的相关规定,结合本工程的实际情况制定本应
急措施。
　　根据本工程的实际情况及以往在不停航施工中所遇到的问题,经认真分析和研究,明
确了本工程所涉及的主要应急源,并确定了相应需要采取的应对措施,如表 12-2 所示。

表 12-2　　　　　　　　　　　应急源及其应对措施表

序号	应急源	应对措施
1	特情、飞机迫降、专机抵场等	紧急撤离
2	管线及机场设施抢修	紧急维修
3	施工机械车辆故障	紧急吊运拉出,采用备份设备
4	天气突变中断施工	紧急撤离,临时处理,清洁施工区域
5	航空器应急救援等各类非正常情况	紧急救援
6	拌和站故障,供料中断	紧急维修并采用备份设备,现场设置施工缝
7	施工现场碎石等杂物形成 FOD	组织专人检查并清扫
8	汛期强降雨	启用强排设施排水

12.2.1 紧急撤离应急措施

当紧急撤离指令下达后,施工区内所有施工人员、机械必须无条件服从,按规定程序在30 min 内完成撤离。

紧急撤离实施程序如下。

(1)当发生飞机迫降、专机抵场等紧急情况时,指挥部现场代表将根据机场运行指挥中心指令启动紧急撤离程序。

(2)现场负责人接到指令后,通过扩音喇叭立即发布撤离通知,所有人员、机械立即停止正常施工作业,按飞行区管理区要求对现场进行清洁整理并提供合格降落区域。

(3)施工现场清理完成后,机械设备迅速按规定拉运出飞行区并停放整齐,所有人员撤离至飞行区外。

(4)撤离的同时,需派专人检查现场,防止工具、杂物及漂浮物等遗留在现场。机场指挥部及监理单位同步监督检查。

(5)撤离完成后,由指挥部现场代表向飞行区管理部现场监管人员报告,飞行区管理部现场监管人员再向运行指挥中心报告撤离情况,并做好详细记录备案。

紧急撤离实施的流程如图 12-1 所示。

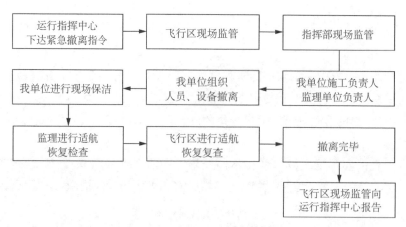

图 12-1　紧急撤离实施流程图

12.2.2 管线及机场设施抢修应急措施

(1)专职安全员作为施工监督员,发生管线、机场设施损坏事故后,及时向现场负责人汇报,并由现场负责人立即向指挥部现场代表汇报。

(2)指挥部现场代表立即通过飞行区现场监管人员向机场运行指挥中心、飞行区管理部、管线及机场设施权属单位报告,请求组织实施应急抢修。

(3)在收到指挥部现场代表下达的应急抢修指令后,无条件服从建设单位的管理和指挥,并及时组织人力、物力,主动配合管线设施单位全力以赴投入抢修工作,以尽快恢复管线、机场设施的正常运行,减少由此造成的经济损失。

(4)在施工期间,应对所有运输车辆不定期进行安全教育,严格控制场区行驶速度,按设计行驶路线行驶,以免损坏跑道灯光管线,一切以机场飞行业务为主。

管线设施应急抢修的主要流程如图 12-2 所示。

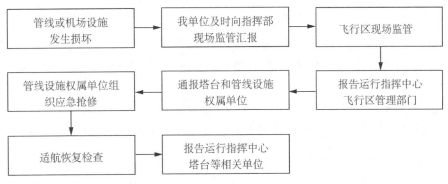

图 12-2　管线设施应急抢修流程图

12.2.3　机械车辆故障应急措施

1. 机械车辆检查

所有进入禁区施工的机械设备,必须每天进行维护保养,使之处于最佳状态。在进入飞行区施工作业面前,由施工单位技术人员对拟使用的所有机械车辆进行一次全面检查,经调试证明处于安全可靠的状态方可进入,车辆不带故障进入禁区。

2. 措施实施

在施工现场备用 2 台运输车,在禁区内一旦出现机械、车辆抛锚或出现漏油等故障导致无法自行出场时,紧急采用备用运输车将故障机械设备运出飞行区,并在最短的时间内投入备用设备,以确保施工作业的连续进行和机场的安全运行。

相应的应急措施执行程序如图 12-3 所示。

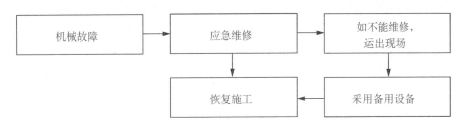

图 12-3　机械故障中断施工应急措施执行流程

12.2.4　天气突变中断施工应急措施

需要中断施工的天气条件:当出现大雾天气能见度不大于 100 m、突降暴雨、大风天气风力大于 6 级时,需要中断正常的施工作业。

应急措施实施如下。

(1) 当发生以上天气突变等紧急情况时,由指挥部现场代表负责启动应急措施。

(2) 接到指令后,施工单位现场负责人通过扩音喇叭发布停止正常施工作业通知;如果进行基层或道面混凝土施工,则立即施作施工缝,然后对施工现场进行清洁,并将机械设备撤离到指定地点停放。

(3)现场处理完毕后,将施工工具存放于集装箱内,机械设备按相关规定停放整齐,所有人员撤离至禁区飞行区外。

(4)撤离的同时,安排专人检查现场,防止工具、杂物及漂浮物等遗留在现场。

(5)如遇大风,所有施工设备及各种配件物质需提前覆盖、加固配重。防止出现吹入跑道的情况,确保飞行安全。

(6)撤离完成后,由指挥部现场代表通过飞行区现场监管向机场运行指挥中心报告,并对当天因天气突变造成的施工中断情况做出详细记录备案。

相应的应急措施执行流程如图12-4所示。

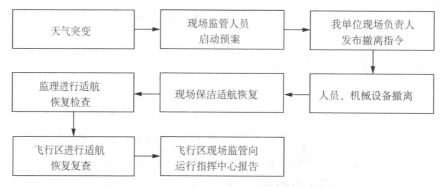

图12-4　天气突变中断施工应急措施执行流程

12.2.5　航空器应急救援等各类非正常情况应急措施

当应急救援等各类非正常情况发生时,指挥部现场代表接到运行指挥中心的指令后,立即启动该应急措施。措施实施如下。

(1)接到指令后,施工单位现场负责人通过扩音喇叭发布停止正常施工作业通知,按飞行区管理部要求对施工现场进行清理和保洁,保障飞行区的运行安全。

(2)施工现场处理完毕后,机械设备按规定停放整齐,所有人员撤离至禁区外。

(3)撤离的同时,安排专人检查现场,防止工具、杂物及漂浮物等遗留在现场。

(4)撤离完成后,应急队伍、救援物资在指定位置待命,做好救援抢险的准备。接到救援指令后,按照运行指挥中心要求,立即携带相应物资、器材设备,赶赴现场,积极协助有关单位进行抢险救援。

(5)救援完成后,指挥部现场代表负责对当天因应急救援等各类非正常情况处理情况进行详细记录备案。

该应急措施实施的流程如图12-5所示。

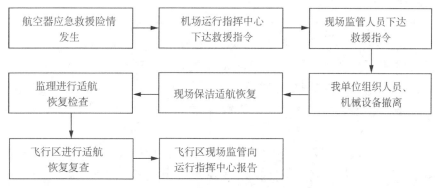

图 12-5　航空器应急救援措施执行流程

12.2.6　土石方开挖滑坡应急措施

边坡施工过程中,对开挖形成的边坡进行跟踪检查和监控,在滑坡之前采取预防措施以避免滑坡造成人员伤亡、机械、财产损失及水土流失。

边坡施工过程中需要注意以下内容。

(1)边坡开挖过程中,按设计要求的坡度进行开挖,出现实际地质状况与设计不符,及时向主管部门汇报情况,并根据设计提出的最终坡比要求调整边坡为安全坡度,确保边坡长期稳定。

(2)临时边坡开挖过程中,按施工组织设计要求合理布置施工道路,危险地段设置醒目的安全警示牌及安全围栏。

(3)开挖前将坡面上的浮石、边坡安全平台周边散落的石渣清理干净。

(4)开挖边坡时,尤其是大雨过后,正式恢复施工之前,及时排除坡顶表面积水,派专人对边坡的安全性进行检查,确认安全无误后开始施工。在施工过程中,根据制定的边坡施工程序要求,指派专人进行监测,随时注意边坡的变动情况。

(5)边坡施工时,除加强对机械设备的安全检查,确保机械设备完好地安全运行外,还要注意滚石、塌渣造成的危害。

(6)机械操作人员须持证上岗,严禁酒后作业。

边坡开挖形成之后,每天要注意观察边坡的稳定情况,每月检查一次,不稳定区段在暴雨后及时检查,发现异常立即处理。

如出现滑坡迹象(如裂缝、滑动、流砂、塌落等)时,立即采取下列措施。

(1)暂停施工。必要时所有人员和机械撤至安全地点。

(2)做好观测并记录。

(3)通知设计单位提出处治措施。

12.2.7　道路交通事故应急措施

由于本工程原材料以及土方运输量较大,导致对场内道路以及对附近社会道路均造成了较大压力。为保证施工顺利进行,以及本工程道路交通事故发生以后,能迅速有效地开展抢救工作,制定了如下措施。

(1)项目部成立领导小组,做好整个工程中各类事故的预防及急救工作,施工前,请交警大队、机场、市容管委会相关人员对驾驶员进行道路交通法规的教育。

(2)驾驶员必须严格遵守交通、市容法规,一旦运输车辆发生崩板情况,应立即停车,并及时向项目部领导汇报,同时围护好现场,以防污染进一步扩大;项目部立即安排应急队伍赶赴现场,将车辆拉出道路,采用装载机将洒落的材料重新装车,对车辆进行维修,并采用水车进行道路冲洗,恢复正常交通。

(3)如车辆在行驶中突发火灾,驾驶员应第一时间用灭火器进行灭火,如火灾无法控制,应及时拨打119电话向当地消防部门报警;如发生道路交通事故及时向项目部和当地110报警,项目部立即启动交通事故应急措施,配合交警对人员进行抢救,并维护好现场。

(4)应急物资:消毒用品、急救物品(绷带、无菌敷料)、小夹板、担架、止血袋、氧气袋和灭火器材等救护设备。

12.2.8 施工机械事故应急措施

(1)事故第一现场人员应立即报告应急项目部,停止施工,并立即与机场有关部门联系,采取补救措施。

(2)若有伤员,应尽快将受伤人员救离危险区域,防止二次伤害。

(3)立即组织职工自我救护队进行自救,并与当地120急救中心取得联系,说明事故地点、严重程度,并派人到路口接应。

(4)加强挖土机、推土机、压路机等土方机械施工人员的安全教育,严禁野蛮施工;同时加强对非专业施工人员的教育,严禁非专业施工人员靠近正在施工的大型施工机械。

(5)应急物资:消毒用品、急救物品(绷带、无菌敷料)、小夹板、担架、止血袋、氧气袋和灭火器材等救护设备。此外,还需安排熟练的救护人员并配备通信联络工具。

12.2.9 管线事故应急措施

(1)事故第一现场人员应立即停止施工并报告应急项目部,与机场有关部门(指挥部、空管)联系,采取补救措施。

(2)若有伤员,应尽快将受伤人员救离危险区域,防止二次伤害。

(3)立即组织职工自我救护队进行自救,并与当地120急救中心取得联系,说明事故地点、严重程度,并派人到路口接应。

(4)加强管线周边的支护工作,对边坡薄弱环节进行加固处理,如由周边弃土、堆料或其他机械设备施工所致,则迅速运走弃土、堆料和机械设备,并派专人负责基坑土体隆起和开挖时周边的位移与沉降变化的监测工作。

(5)应急物资:消毒用品、急救物品(绷带、无菌敷料)、小夹板、担架、止血袋、氧气袋、灭火器材等救护设备。此外,还需安排熟练的救护人员并配备通信联络工具。

12.3 施工协调方法

12.3.1 会议制度

（1）每日施工前 30 min 召开一次施工安全例会。对前一个工作日的施工情况进行讲评,对于好的部分进行表扬,对于出现的问题提出整改措施。同时,还应明确当天施工的重点、难点,并对作业内容、工程量及需采取的相应措施进行详细交底,明确各作业班组的施工任务,确保施工人员心中有数,使各项工程施工紧张有序地进行。

（2）每日施工前将当日施工计划上报监理及机场运行保障管理部门、安保部门、飞行部,以便管理。

12.3.2 传达方式

为确保通信畅通,本工程设立多级多渠道通信联络方式。

（1）每个施工作业点必须配备数字式对讲机,并和机场运行指挥中心保持同一频道,确保与运行管理部门通信畅通。

（2）建设、施工、监理单位之间配置一套独立的无线对讲联络系统(不得干扰机场无线电通信),施工期间保证通信系统完好,确保各项指令和信息及时传达。

（3）在禁区施工开始前将施工、监理、建设单位及机场指挥中心、安检、护卫、公安、空防等单位部门联系电话编制通讯录,分发给各有关单位,保持通信联络始终处于正常畅通状态。

12.3.3 现场通信

（1）机场管理机构现场监管员负责与塔台管制员、建设单位负责人间的信息通报,建设单位负责人负责施工现场的信息通报;机场管理机构现场监管员、建设单位现场负责人及各区域安全员负责监听塔台通信信息,并对应急信息做出及时响应。

（2）机场管理机构施工现场监管员配置机场通用数字对讲机,并常守塔台管制频道,负责与塔台、建设单位施工现场负责人进行通信联系。

（3）建设单位施工现场负责人配置机场通用数字对讲机、施工专用对讲机,负责与机场管理机构现场监管员保持通信联系,以及负责监听塔台、施工安全员通信信息,负责与施工现场负责人、施工现场安全员间进行通信联系和工作安排。

（4）建设单位现场安全检查员配置施工专用对讲机,并负责监听塔台、建设单位现场负责人通信信息或执行指令。负责与施工现场负责人通信联系和沟通,并组织、协调施工作业。

（5）监理单位现场监理员配置施工专用对讲机,负责监听塔台、建设单位现场负责人通信信息或执行指令,同时还需负责与施工现场负责人通信联系和沟通,并组织、协调施工作业。

（6）施工单位现场负责人、现场安全员配置施工专用对讲机，负责监听塔台、建设单位现场负责人通信信息或执行指令，以及负责与施工现场人员通信联系和沟通，并组织、协调施工作业。

（7）机场通用对讲机、施工专用对讲机设置于不同的频道（率），两对讲机间通信信号不得受对方干扰。

（8）建设单位应制作通信册，通信册内容包括塔台、机场管理机构现场监管员、建设单位负责人、建设单位安全检查员、监理单位监理员、施工单位安全员的对讲机配置、移动电话记录等，做到相关单位相关人员人手一册，并随身携带。

第 13 章　不停航施工各类制度

13.1　人员培训、管理、考核

不停航施工在机场扩建设指挥部的领导下,在机场安保部门监督和航管部门的配合下,以及在监理部门的指导下,由项目部负责组织实施。项目部成立不停航施工领导小组,其中,项目经理负责施工的总体策划;项目技术负责人负责安全培训、现场协调、施工管理等工作;质安经理负责不停航施工现场的具体安排;安全经理负责安全、监督等工作。各管理人员分工如表 13-1 所示。

表 13-1　　　　　　　　　　　管理人员与组织分工

职　务	组织分工
项目经理	负责全面管理工作
项目总工程师	负责质量、安全、现场管理等
质安经理	负责检查、监督施工现场的安全、质量等
安全经理	负责施工现场安全监督、检查等
现场总调度长	负责施工机械、材料、人员的调度安排
工程部部长	负责施工现场的组织、质量、进度等
专职安全员	负责检查、监督施工现场的安全
主管工程师	负责施工现场的质量、技术支持等
安全资料员	负责内业安全资料的收集、编制、整理
资料员	负责内业资料的收集、编制、整理
施工员	负责施工现场机械、人员的安排等
测量员	负责施工现场测量放线

13.2　车辆、工具

主要施工机具如表 13-2 所示。

表 13-2 主要施工机具一览表

序号	名称	型号或尺寸	数量（台）	主要工程内容
1	推土机	SD22	10	土石方工程
2	挖掘机	PC-450	20	土石方工程
3	挖掘机	CAT345	30	土石方工程
4	装载机	CG955	10	土石方工程
5	平地机	PY180	2	土石方工程
6	自卸汽车		300	土石方工程
7	冲击碾压路机	LICP3	3	地基处理工程
8	强夯机	W200B	20	地基、土石方工程
9	振动沉桩机	DZJ-90	4	地基处理工程
10	长螺旋钻机	CFG20	4	地基处理工程
11	潜孔钻机	JK590D	8	地基处理工程
12	振动压路机	SR22M	6	道面工程
13	自卸汽车		15	道面工程
14	轻型货车		25	道面工程
15	洒水车	WX510IC	6	道面工程
16	发电机	TZS-4	5	道面工程
17	吊车	QY16	2	排水工程
18	水稳搅拌站	WCB500	1	道面工程
19	混凝土搅拌站	HZS120Q	2	道面工程
20	小型空压机		10	道面工程
21	胶轮压路机	SPR260	2	道面工程
22	双轮压路机	DD118HF	3	道面工程
23	水稳摊铺机		2	道面工程
24	液压破碎锤	HDB50	4	拆除工程
25	梁式整平机	HD219	5	道面工程
26	混凝土振实机	ZN50	5	道面工程
27	混凝土切缝机	XW-412A	10	道面工程
28	混凝土运输车	GZC5270	6	排水工程
29	插入式振捣器	KELIPS	20	排水工程

序号	名称	型号或尺寸	数量(台)	主要工程内容
30	平板振捣器	/	10	道面工程
31	平板拖车		2	道面工程
32	油车		2	道面工程
33	电焊机	BS640	8	排水工程
34	电动冲击夯	HCD100	6	道面工程
35	弯筋机	GW-40C	4	排水工程
36	断筋机	GQ-4D	4	排水工程
37	调直机	XZX-40C	4	排水工程
38	电动潜污泵	QW50-25	8	排水工程
39	手扶压路机	LP6500	2	道面工程

13.3　通行证的办理和管理

13.3.1　通行证办理

（1）将人员、车辆控制区通行证办理申请报机场保障部审核后进行办理,施工单位需在控制区通行证到期 10 d 前办理下期手续。

（2）通行证办理完成后,由机场保障部统一保管,所有进入施工区域的施工人员和车辆需凭身份证等相关证件在机场保障部领取通行证,并接受机场有关部门的检查后进入,持证车辆需配备警示灯,并保证性能完好,晚上进入现场需打开警示灯。

（3）施工人员和车辆退场时,通行证由机场保障部保管。

13.3.2　通行证管理

项目部设专人负责、统一收发、台账记录。同时做好以下工作。

（1）进场前 30 min:发放相关证件,同时做好证件查验工作。

（2）出场后:将证件进行收缴并整理收纳。

13.4　安全检查

13.4.1　安全施工目标

安全目标为强化安全生产管理工作,确保无重大责任事故和重大伤亡事故的发生。

13.4.2　安全施工保证体系

安全施工保证体系如图 13-1 所示。

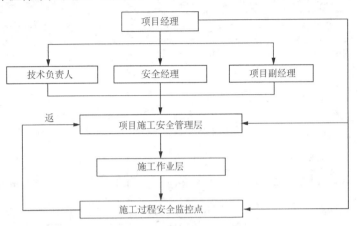

图 13-1　施工保证体系

13.4.3　主要管理人员安全生产职责

主要管理人员安全生产职责见表 13-3。

表 13-3　　　　　　　　　　　　　主要管理人员及相应职责

岗位名称	管理责任
项目经理	项目经理是施工现场安全生产的第一责任人,负责建立健全安全生产责任制和有关安全生产规章制度和操作规程,确保安全生产费用的有效使用,组织安全检查,并根据工程特点组织制定安全施工措施,消除安全事故隐患,及时、如实报告生产安全事故
安全经理	1. 建立制定完善的安全保证体系,树立安全观念; 2. 对现场作业人员必须进行三级安全教育并建立安全档案; 3. 项目部建立安全周检、月评比制度,由专职安全员挂帅,发现问题及时处理并制定措施限期整改,并跟踪复查; 4. 必须执行交底制度,持证上岗,对各级安全检查坚持"三定,四不推"的原则,绝不姑息; 5. 建立健全施工现场安全生产教育培训制度及安全宣传制度; 6. 定期召开安全生产会议,及时学习上级有关安全生产文件、指令和法规,交流安全生产信息,总结上阶段安全工作并对下阶段安全生产工作提出要求、目标等
项目副经理	1. 负责分管生产工作,协助项目经理管理整个工程的进度、安全、文明施工等工作; 2. 协助项目经理全面做好现场的管理和项目规划工作; 3. 重点抓好分管区域现场的工程质量、安全、文明施工、消防保卫和成品保护工作
项目技术负责人	1. 参与或主持编制项目职业健康安全管理方案、管理规划,落实相关责任并组织实施;组织项目经理部的质量、职业健康安全教育和专业技能培训; 2. 负责贯彻安全生产方针政策,严格执行安全消防技术规程、规范、标准及合约规定; 3. 协助项目经理制定本项目安全生产管理办法和各项规章制度,并监督实施; 4. 组织人员编制安全技术措施和分部工程安全方案,督促安全措施落实; 5. 组织安全技术交底; 6. 参加每周一次的安全检查,对不安全因素定时、定人、定措施进行整改,并落实检查; 7. 组织编制项目应急预案,落实应急准备和响应

岗位名称	管理责任
安全员	1. 认真宣传、贯彻安全生产法律法规、标准规范,检查督促执行; 2. 参与制定项目有关安全生产管理制度、安全技术措施计划和安全技术操作规程,督促落实并检查执行情况; 3. 每天进行安全巡查,及时纠正和查处违章指挥、违规操作、违反安全生产纪律的行为和人员,并填写安全日志。对施工现场存在的安全隐患有权责令纠正和整改或做出停工整改决定; 4. 对危险性较大工程的安全专项施工方案实施过程进行旁站式监督; 5. 对各类检查中发现的安全隐患督促落实整改,对整改结果进行复查; 6. 组织项目日常安全教育,督促施工班组开展班前安全活动; 7. 参加现场机械设备、电力设备、安全防护设施和消防设施的验收; 8. 建立项目安全管理资料档案,如实记录和收集安全检查、交底、验收、教育培训及其他安全活动的资料; 9. 发生生产安全事故要立即报告,参与抢救,保护现场,并对事故的经过、应急、处理过程做好详细记录
施工员	1. 认真执行上级安全生产规定,合理安排施工班组工作,对管辖专业的消防安全生产负责; 2. 负责编制本专业的安全消防技术措施,并对作业施工班组进行技术交底; 3. 领导施工班组搞好安全生产活动,组织施工班组学习安全消防操作规程及安全规定。指导工人正确使用消防设施和劳保用品; 4. 经常检查作业环境及各种设备、设施的安全状况,发现问题及时纠正解决,对重点、特殊部位施工必须检查作业人员及各种设备、设施技术状况是否符合安全消防要求,严格执行安全消防技术交底制度,落实安全消防技术措施并监督执行; 5. 做好新工人的岗位教育,负责对施工班组进行安全消防操作方法的检查指导,制止违章,以身作则,遵章守纪,确保安全检查和生产; 6. 对各级组织检查下发现的整改单和自检发现的安全隐患及时消除,不留隐患
材料员	1. 认真学习贯彻执行上级有关安全生产的法律、法规以及有关安全生产的强制性规范; 2. 按照项目安全生产保证计划要求,组织各种安全物资的供应工作。对供应商进行分析,建立合格供应商名录。参加安全会议,积极提出安全合理化建议; 3. 负责对合格供应的安全物资的验收取证工作,并做好验收状态标识,储藏保管好安全防护用品(具); 4. 负责对进场材料按现场平面布置图堆放,达到文明施工要求; 5. 对现场使用的安全带、安全网、移动平台等安全设施应验收合格入库,并定期检查和试验,对不合格和破损者,要及时进行更新替换,做好记录; 6. 对重点部位、危险物品(包括易燃易爆品)进行重点保管,执行有关危险品运输、储存、发放等规定,做好防火工作; 7. 对严重危及职工安全的机械设备,应会同技术部门提出技术改进措施,并付诸实施; 8. 新购进的机械设备的安全防护装置必须齐全、有效,出厂合格证明及技术资料必须完整
施工班组	1. 认真学习本专业的安全消防技术操作规程,遵守安全纪律和各项安全管理规定,严格按照操作规程施工,严禁酒后上班,严禁在易燃易爆场所吸烟和擅自进入危险区域; 2. 认真听取安全消防技术交底,积极参加各种安全活动,并有权拒绝违章指挥,对不安全做法有责任提出改进意见; 3. 爱护安全防护设施和安全消防标志,发现损坏,立即报告有关人员处理; 4. 发生工伤事故,未遂事故或发现安全隐患时,立即向施工班组长或上级领导报告; 5. 正确使用安全防护用品,无安全防护用品时有权拒绝进行作业

13.4.4　危险源辨识及防范措施

针对本工程的特点,制定了一系列的安全防范措施,详见表 13-4。

表 13-4　　　　　　　　　　　　安全防范措施

序号	作业活动	危险/危害因素（来源）		可能导致的事故（后果）	判别依据 I—V	危险级别	控制措施	控制计划 a—f
1	机械加工、钳工作业等	外露运动件	磨光机、砂轮切割机等	机械伤害	V	3	按机具操作规程进行,严禁违章作业,做好劳动保护工作	f
2	现场各类作业	无防护	进入施工现场未戴安全帽	物体打击	IV	/	教育并监督检查	c,e
3	焊接作业、水泥装卸		无防尘用品	肺功能受损、尘肺病	II	/	佩戴普通口罩等常规防尘用品	b
4	现场各类作业	防护不当	安全帽、安全带未按要求使用	各类伤害	V	3	责令立即整改,按劳保用品使用规定进行监督检查	c,e
5	焊接、切割作业	防护距离不够	氧气、乙炔气瓶防火距离不够	化学性爆炸	I	/	执行法规,现场巡查	b,e
6	起重作业等	站内设备吊装	安全防护距离不够	起重伤害	V	3	执行工作票制度,派专人进行监督管理	b
7	电气试验等	站内设备调试	作业人员与带电设备安全距离不够	触电	V	4	执行工作票制度,加强检查	f
8	储存、使用	腐蚀性液体	松香水等	中毒和窒息,灼烫	V	3	戴好防护用品,按要求进行作业	b
9	违章作业		未按工作票要求落实安全措施、特殊工种无证上岗、施工前未交底、使用不合格安全工器具	各类伤害	V	3	做好教育培训并监督检查	f
			易燃易爆区域内不遵守消防规定,如擅自动火等	火灾、爆炸	IV	/	做好教育培训并监督检查	b,c
			无防坠措施或酒后上高空等	高处坠落	I	/	做好教育培训并监督检查,建立处罚措施	a,b

(续表)

序号	作业活动	危险/危害因素 （来源）		可能导 致的事故 （后果）	判别 依据 Ⅰ—Ⅴ	危险 级别	控制措施	控制 计划 a—f
10	基坑作业	坍塌	基坑支护不当， 放坡不当	坍塌、各类 伤害	Ⅴ	2	—	d,e
11	高处作业	坠落物	高处设备、零件、工具材料坠落	物体打击	Ⅴ	3	作业人员戴好防护用品，加强作业人员的文明施工意识，对责任人进行处罚	a
12	室外吊装		大雾、大风	起重伤害	Ⅳ	/	禁止吊装	f
13	车辆行驶		大雾	车辆事故	Ⅳ	/	限速，并用防雾灯等措施	b

判别依据：

Ⅰ——不符合法律法规和相关标准要求且没有适宜的控制措施。

Ⅱ——相关方提出的经确认为合理抱怨或要求。

Ⅳ——现场观察到可能发生事故的因素。

Ⅴ——用危险评价方法得出的重大危险因素。

危险控制计划：

a——制定目标指标、管理方案。

b——制定管理程序。

c——培训与教育。

d——制定应急预案。

e——加强现场监督检查。

f——保持现有措施。

13.4.5　安全施工保证措施

1. 消防管理措施

（1）成立消防小组，定期定时进行现场巡回检查。

（2）严格执行现场用火制度，凡动用明火，提前办理用火手续，同时自觉接受建设单位消防人员的检查，设专人看火，备齐消防用具。

2. 防触电措施

（1）施工现场临时用电的架设和使用须符合《施工现场临时用电安全技术规范》(JGJ 46—2005)的规定。

（2）建立临时用电检查制度，按临时用电管理要求对现场的各种线路和设施进行定期和不定期抽查，并将检查、抽查记录存档。

（3）电气人员持证上岗，非电气专业人员不准进行任何电气部件的更换或维修。

3. 基坑作业安全防范措施

（1）在开挖沟槽、基坑前，须向业主申请提供详细的与施工现场相关的地下管线资料，并在施工中采取措施保护地下各类管线。

（2）作业过程中须避开管线和构筑物。在现场电力、通信电缆 2 m 范围内和给排水等管道 1 m 范围内挖土时，须在相关单位人员监护下进行人工开挖。

4. 易燃、易爆物资安全管理措施

易燃、易爆物资安全管理措施见表 13-5。

表 13-5 易燃、易爆物资安全管理措施

序号	具体事项	安全管理措施
1	贮存管理	1. 现场设置危险品仓库，氧气瓶、乙炔瓶、油品等均单独设置库房，库房远离宿舍区和办公区； 2. 危险品仓库及区域严禁吸烟和使用明火； 3. 根据易燃、易爆物资的种类分库贮存。可燃的废弃包装料及时清理，分别设置单独的库房以存放氧气瓶、乙炔瓶以及油漆、汽油等油品
2	人员及培训	1. 负责保管易燃、易爆物资的保管员具有相应消防知识，还须熟悉各区域贮存易燃、易爆物资的种类、特性、事故的处理程序及方法等； 2. 项目定期组织相关人员进行相关知识的培训和教育； 3. 项目须制定相应的应急预案并定期进行演练
3	出入库管理	氧气瓶、乙炔瓶及油漆、汽油等易燃、易爆物资出入库前，均须进行检查验收、登记。验收内容包括：物质质量验收、数量核查。经核对后方可入库、出库，当物品性质未弄清时不得入库
4	消防措施	危险品仓库及存放可燃物的地点按规定设置消防栓，库房内外分别设置干粉灭火器，油漆、汽油等油品仓库另备足量灭火用细砂
5	防护服	适用于电气焊作业

5. 起重吊装作业安全防护措施

本工程低压柜、调光柜、切换柜及高杆灯等均需进行现场的起重吊装作业，吊装作业前应编制施工方案，经公司技术、质量、安全部门审核后，报公司技术负责人签字审核。项目部严格按照经批准的施工吊装方案组织施工。吊装前应选择合适的气候条件，雨雪、暴风、酷暑等恶劣气候条件严禁进行吊装作业。

6. 治安保卫措施

发包人与当地公安部门协商，在现场建立治安管理机构或联防组织，统一管理施工场地的治安保卫事项，施工单位负责协助，并做好本单位管辖区生活区的治安保卫工作。

开工后，与发包人共同编制施工场地治安管理计划并制定应对突发治安事件的紧急预案。

13.5　文明施工与环保

13.5.1　文明施工、环境保护管理体系

1. 文明施工、环境保护管理目标

严格按照建设部 2007 年发布的《绿色施工导则》执行,工程建设全过程实施"绿色施工",创绿色文明工地。

2. 文明施工、环境保护管理机制

(1) 建立覆盖项目全过程、全员参加的安全文明生产保障体系。

成立由工程经理部文明施工管理负责人为首,各施工单位文明施工管理负责人参加的"此工程文明施工管理委员会"(以下简称文明施工管理委员会),组织领导施工现场的文明施工管理工作。

(2) 建立健全岗位责任制。

建立文明施工生产责任制。工程经理部文明施工负责人与各施工单位负责人签订治安保卫责任书,施工单位文明施工负责人也要与外施队签订责任书,使文明施工管理工作层层负责,责任落实到人,做到凡事有人管,事事有落实,违规必追究。

根据现场情况,工程经理部成立场容清洁队,配备专用保洁工具,每天负责清扫场内交通道路和办公区域并洒水降尘。

文明施工、环境保护检查措施。

① 召开"施工现场文明施工管理"工作例会,总结前一阶段的施工现场文明施工情况,布置下一阶段的施工现场文明施工工作。

② 建立并执行施工现场文明施工工作检查制度。文明施工管理委员会下设检查组,组织对各施工单位施工现场文明施工的联合检查,根据检查情况按"施工现场检查记录表"评比打分,对检查中发现的问题,开出"隐患问题通知单",各施工单位在收到"隐患问题通知单"后,应根据具体情况,定时间、定人、定措施予以解决,检查组有关部门应监督落实问题的解决情况。

③ 在项目实施过程中推行文明施工方案会签制,根据合同内容、施工范围、施工区域等划分文明施工责任区,从制度上落实文明施工工作,保证文明施工的切实落实。

13.5.2　文明施工管理措施

(1) 设立文明施工检查员,作业人员上岗前,认真进行城市文明施工条例学习,树立每个作业人员的城市文明创建意识。

(2) 严格执行省市有关规定和要求,加强生态保护,结合实际情况,搞好标准化施工现场。

(3) 现场大门入口绘制"九牌一图",门口设门卫,无关人员和车辆不准进入。

(4) 对场内、外道路上遗留(弃)的土、砂、石等材料及时派人清理干净,绝不允许有损市

容的行为发生。

（5）材料分类码垛整齐、井然有序。每天下班前各作业班组要进行完工清场，垃圾及时外运，拆下的模板、钢管等堆放整齐。现场施工用完后的多余设施材料、机械设备等及时运出清场，保护环境的整洁卫生，积极配合环卫部门的检查工作。

（6）施工时严禁破坏周围的绿化场地，控制好施工用水与垃圾，严禁影响施工场外的工作环境。

（7）道路和场地。施工区内道路通畅、平坦、整洁，不乱堆乱放，无散落物；构造物周围应浇捣散水坡，四周保持清洁；场地平整不积水，无散落的杂物及散物；场地排水成系统。施工废料集中堆放，及时处理。

（8）对于施工现场，有条件的地方均需采用硬化路面（混凝土面），以便供应材料运输和施工车辆通行。

（9）班组场地清理。班组必须做好操作后清理场地，物尽其用。在施工作业中，应有防止尘土飞扬、泥浆横流、混凝土洒漏、车辆沾带泥土运行等措施。有考核制度，定期检查评分考核，成绩上牌公布。

（10）本工程临时设施，四周围墙采用砖砌体，墙厚 18 cm，高度 2 m，上部压顶，大门宽 5 m，材料用 2 m 镀锌水管做架，双面铁板门并刷红漆，门与围墙同高。临时设施内布局美观整齐。办公和宿舍区及生活娱乐区均用天蓝色铅合金活动板房制作，以及锌铁瓦盖顶。

（11）用多种宣传形式宣扬精神文明，制止野蛮作业和各种不文明行为，表扬、宣传遵守施工秩序、注意卫生、保护环境的良好行为。

13.5.3　环境保护管理措施

1. 粉尘控制

（1）设置专人清运现场建筑垃圾，总平面范围及工地周边场地设置专人每天进行 2～3 次巡视、清扫，保持清洁。

（2）松散颗粒材料砌筑砖墙围挡堆放，表面用塑料布遮盖防止刮风时粉尘弥漫，影响环境卫生。

（3）现场设置专人清扫车辆沾带的泥土，路面铺放草垫，及时收捡和清扫，保证道路及周围干净。

（4）尽量使用预拌混凝土和预拌砂浆，减少粉尘污染排放。

2. 大气污染控制

（1）进入工区的机动车辆消音排烟净化系统一定要完好。

（2）集中临设区内和工地进出道口每天要安排专人打扫，特殊范围内的工作人员要戴防尘面罩，控制烟尘与粉尘污染。

（3）施工区域做好封闭围界，减少扬尘，降低施工现场对景观的破坏。

（4）运输车辆配备两边和尾部挡板，对易飞扬的物料用篷布覆盖严实，且装料适中，不得超限；工地进出道口设置车辆冲洗设施，车辆进入市政道路前将轮胎及外表用水冲洗干净，避免污染市区道路。

（5）工地生活垃圾弃置在半密封的池中，定期处理；工地设置能冲洗的厕所若干处，派专门的人员清理打扫,并定期对周围喷药消毒,以防蚊蝇滋生,病毒传播。

(6) 施工现场配置洒水车,根据气候情况适时洒水,保证施工场地和施工道路湿润不扬尘。

3. 施工废水处理

施工期的水污染主要来自施工人员的生活污水和生产废水两部分,由于两部分废水的性质不同,拟将其分开处理。

(1) 施工现场和生活区厕所,每天派专人清扫,污水经专门污水管道排入污水系统。

(2) 现场施工污水必须经二次沉淀后排入甲方指定窨井内。

4. 噪声控制

(1) 结合现场平面特点,合理布置,以减少噪声的影响。

(2) 在施工中尽量减轻扰民噪声。对产生振动噪声的木工机具、混凝土搅拌机和振捣器等在白天使用,支拆模板、测量等必须在白天进行(必须进行夜间连续施工的除外),进行夜间施工前应通报业主,以获得谅解。

(3) 混凝土浇筑时设专人指挥,避免大声呼叫,配备足够通信器材。

(4) 混凝土运输车及材料运输等汽车进场应派专人指挥,不高声鸣笛。

附录 应急预案

附录1 紧急撤离应急预案

根据本预案,当紧急撤离指令下达后,施工区内所有施工人员、机械必须无条件服从,按规定程序在 30 min 内完成撤离。

紧急撤离实施流程如下(附图1):

(1)当发生特情、飞机迫降、专机抵场等紧急情况,业主现场代表将根据机场运行指挥中心指令启动紧急撤离程序。

(2)施工单位现场负责人接到指令后,通过扩音喇叭立即发布撤离通知,所有人员、机械立即停止正常施工作业,按飞行区管理区要求对现场进行清洁整理并提供合格降落区域。

(3)施工现场清理完成后,迅速按规定将机械设备拉运出飞行区并停放整齐,所有人员撤离至飞行区外。

(4)撤离的同时,由施工单位派专人检查现场,防止工具、杂物及漂浮物等遗留在现场。业主及监理单位同步监督检查。

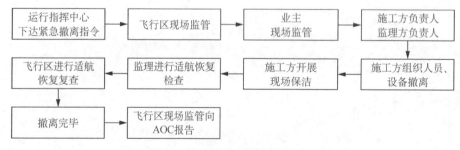

附图1 紧急撤离预案实施流程图

附录2 管线及机场设施抢修应急预案

(1)由施工单位专职安全员作为施工监督员,发生管线、机场设施损坏事故后,及时向现场负责人汇报,并由施工单位现场负责人立即向业主现场代表汇报。

(2)业主现场代表立即通过飞行区现场监管人员向机场运行指挥中心、飞行区管理部、管线及机场设施权属单位报告,请求组织实施应急抢修。

（3）施工单位在收到业主现场代表下达的应急抢修指令后，应无条件服从建设单位的管理和指挥，并及时组织人力、物力，主动配合管线设施单位全力以赴投入抢修工作，以尽快恢复管线、机场设施的正常运行，减少由此造成的经济损失。

（4）施工单位在施工期间，应对所有运输车辆不定期地进行安全教育，严格控制场区行驶速度，按设计行驶路线行驶，以免损坏跑道灯光管线，一切以机场飞行业务为主。

管线设施应急抢修流程见附图2。

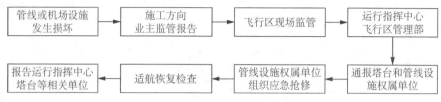

附图2　管线设施应急抢修流程图

附录3　机械车辆故障应急预案

（1）机械车辆检查。

所有进入跑道施工的机械设备，每天必须进行维护保养，使之处于最佳状态。在进入飞行区施工作业面前，由施工单位技术人员对拟使用的所有机械车辆进行一次全面检查，经调试证明处于安全可靠的状态方可进入，不带故障进入施工区。

（2）预案实施。

在施工现场备用2台运输车，在飞行区内一旦机械、车辆出现抛锚或漏油等故障无法自行出场时，紧急采用备用运输车将故障机械设备运出飞行区，并在最短的时间内投入备用设备，以确保施工作业的连续进行和机场的安全运行。

机械故障中断施工应急预案流程见附图3。

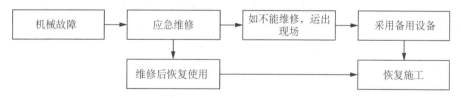

附图3　机械故障中断施工应急预案执行流程图

附录4　天气突变中断施工应急预案

需要中断施工的天气条件：当出现大雾天气（能见度≤100 m），突降暴雨，台风、大风天气（风力＞6级）时，需要中断施工作业。应急预案实施流程如下（附图4）。

（1）当发生以上天气突变等紧急情况时，由业主现场代表负责启动应急预案。

（2）接到指令后，施工单位现场负责人通过扩音喇叭发布停止正常施工作业通知，并对施工现场进行清洁，将机械设备撤离到指定地点停放。

（3）现场处理完毕后，施工工具存放于集装箱内，机械设备按相关规定停放整齐，所有人员撤离至禁区飞行区外。

（4）撤离的同时，安排专人检查现场，防止工具、杂物及漂浮物等遗留在现场。

（5）如遇台风，所有施工设备及各种配件物质需提前覆盖、加固配重。防止出现吹入跑道等情况，确保飞行安全。

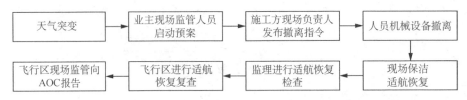

附图 4　天气突变中断施工应急预案执行流程图

附录 5　航空器应急救援等各类非正常情况应急预案

当应急救援等各类非正常情况发生时，业主现场代表接到运行指挥中心的指令后，立即启动该应急预案。预案实施流程如下（附图 5）。

（1）接到指令后，施工单位现场负责人通过扩音喇叭发布停止正常施工作业通知，按飞行区管理部要求对施工现场进行清理、保洁，保障飞行安全。

（2）施工现场处理完毕后，机械设备按规定停放整齐，所有人员撤离至飞行区外。

（3）撤离的同时，安排专人检查现场，防止工具、杂物及漂浮物等遗留在现场。

（4）撤离完成后，应急队伍、救援物资在指定位置待命，做好救援抢险的准备。接到救援指令后，按照运行指挥中心要求，立即携带相应物资、器材设备赶赴现场，积极协助有关单位进行抢险救援。

（5）救援完成后，由业主现场代表负责对当天因应急救援等各类非正常情况处理做详细记录备案。

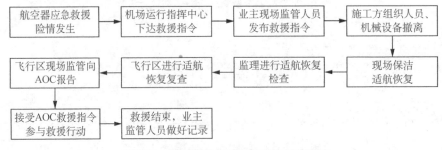

附图 5　航空器应急救援预案执行流程图

附录 6　混凝土拌和站出现故障、供料中断的应急预案

（1）每天开机生产前和结束后,对拌和站进行检修,确保设备完好。在生产过程中,一旦发生故障,立即通知施工现场停止混凝土摊铺施工,并同时组织人员力量对设备进行抢修。

（2）现场接到停止施工指令后,立即调整施工,利用既有混凝土施作施工缝,并在完成道面振捣、提浆、抹面、拉毛等工序后,对现场进行清理,将机械设备按指定位置停放,工具存放于指定集装箱内,结束当日施工作业。

（3）现场清理结束后,向指挥部现场代表及监理工程师报告,经检查合格后人员撤离施工区。

拌和站故障应急预案执行流程见附图 6。

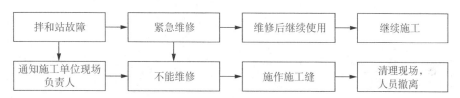

附图 6　拌和站故障应急预案执行流程图

附录 7　碎石散落道面形成 FOD 的应急预案

当进场施工后,由于材料运输车辆出入飞行区而将碎石洒落于禁区内,形成 FOD 隐患后,业主现场代表接到运行指挥中心的指令后,立即启动该应急预案。预案实施流程如下（附图 7）。

（1）接到指令后,通知施工单位现场负责人,立即停止现场施工和车辆运行,并同时组织人员对车辆行驶路线进行清扫,达到适航标准。

（2）清扫并检查合格后,由业主现场代表通过飞行区现场监管向 AOC 报告,获得同意后方可恢复现场施工和车辆运行。

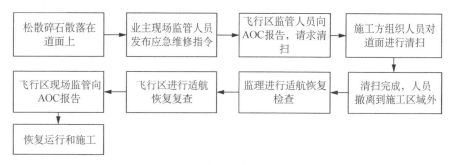

附图 7　碎石散落道面造成安全隐患的应急预案执行流程图

附录8　汛期强降雨排水的应急预案

在施工期间出现强降雨天气导致现场积水较多时,紧急启用该预案。预案实施流程如下。

(1) 在施工期间一旦出现强降雨天气,组织人员队伍和应急设备在禁区外待命。

(2) 当现场出现积水时,飞行区现场监管人员立即通知业主。业主在接到飞行区通知后,启动应急预案,施工方人员和设备在 30 min 内抵达现场,通过强排设施(水泵和软管)将施工区域内积水排入飞行区既有排水沟内;并保持排水系统的畅通。

(3) 积水排除完毕后,对现场进行清理,将设备、工具存放于指定的集装箱内,由业主现场代表通过飞行区现场监管向 AOC 报告,获得同意后人员撤离施工区。该应急预案实施的流程如图附 8 所示。

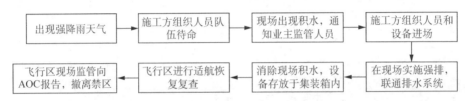

附图 8　汛期强降雨排水的应急预案图